低 碳 建 筑 设 计 丛 书

U0325757

高层住宅建筑
太阳能系统整合设计

Solar Energy Integrated Design in High-rise Apartments

史 洁 著

同济大学出版社
TONGJI UNIVERSITY PRESS

内 容 简 介

本书是在从建筑设计的角度解决太阳能一体化的应用问题。书中提出了太阳能与建筑系统整合设计的目标、内涵和思想，从高层住宅可利用的太阳能技术系统的类型、选择原则到规划方案入手，分析高层住宅群体布局、高层住宅建筑单体的剖面和平面组织与太阳能系统的整合设计。并针对目前高层住宅的屋顶、墙体、阳台等外界面现状，探讨开发外界面区域的可能途径，研究太阳能采集器与建筑外界面整合的形式、程度与构筑的标准方法。

本书是作者多年从事建筑太阳能利用的研究和实践的积累，不仅对推动我国生态型高层住宅具有积极的意义，同时为建筑师在太阳能建筑创作中提供了新的思路。

图书在版编目(CIP)数据

高层住宅建筑太阳能系统整合设计/史洁著.--上海：
同济大学出版社,2012.4
　　ISBN 978-7-5608-4735-1

Ⅰ.①高… Ⅱ.①史… Ⅲ.①高层建筑－太阳能住宅－建筑设计 Ⅳ.①TU241.91

中国版本图书馆 CIP 数据核字(2011)第 247420 号

高层住宅建筑太阳能系统整合设计

史　洁　著

策划编辑	江　岱	**责任编辑**	由爱华	**责任校对**	徐春莲	**封面设计**	陈益平

出版发行　同济大学出版社(www.tongjipress.com.cn)
　　　　　（上海市四平路1239号　邮编200092　电话021-65985622）
经　　销　全国各地新华书店
印　　刷　同济大学印刷厂
开　　本　787 mm×1092 mm　1/16
印　　张　9.75
印　　数　1—2 100
字　　数　243 000
版　　次　2012年4月第1版　2012年4月第1次印刷
书　　号　ISBN 978-7-5608-4735-1

定　　价　36.00元

序　言

建筑节能的基础是被动式技术,即通过围护结构的保温隔热、遮阳、窗户等手段,夏季尽量避免室外热量的入侵、利用自然通风,冬季尽量增加温暖的阳光入射,并利用建筑物结构的蓄热,降低供暖需求。这些自然资源本质上都是来自于太阳能。另一方面,建筑节能的高端是利用可再生能源,进一步降低化石能源的消耗。在住宅建筑中,最适合的主动式可再生能源利用技术就是太阳能热水的利用。

由于我国人口众多、土地稀缺,城市发展必然要走紧凑型和集约化的道路。我把它称为"三高"的城市发展模式,即高人口密度、高容积率,以及高层建筑。高层建筑是人口和土地资源约束下的必然结果。这样的城市空间形态给被动式技术和可再生能源利用技术的应用带来挑战。尤其是住宅,我国城市住宅建筑形式以公寓式的集合住宅为主,这更增加了被动式技术和主动式太阳能应用的困难,呈现出与发达国家在独立住宅中应用完全不同的特点。

以往,国内无论是主动式的还是被动式的太阳能应用,从理论到实践往往照搬发达国家的经验,而且不问气候特点和资源条件盲目推广,出现很多不成功的案例,急需认真总结、深入研究。史洁博士的这本专著的出版,非常及时,相信能对我国住宅建筑的太阳能利用起到推进作用。

史洁博士这本书,紧紧围绕"建筑"主题,全面阐述了在中国多高层住宅为主的条件下,如何利用被动式技术、如何实现太阳能与建筑一体化,以及如何对住宅太阳能应用做技术经济分析等一系列科学问题。这本书无论对规划师、建筑师,还是工程师、发展商,甚至对一般住户,都有很好的参考价值。

史洁博士有着结构工程的知识背景,本身是一名建筑师,而又具有从暖通空调视角从事科学研究的经历,本书是她多年经验的总结,使本书综合性、学科复合和实践性的特色十分鲜明,一定会得到不同专业人员的欢迎。

《上海市建筑节能条例》中指出:"新建有热水系统设计要求的公共建筑或者六层以下住宅,建设单位应当统一设计并安装符合相关标准的太阳能热水系统。鼓励七层以上住宅设计并安装太阳能热水系统。"我想,通过科学指导和精心设计,上海和全国城市住宅的太阳能利用及建筑-太阳能一体化工程将会得到长足发展。

龙惟定

2012 年 3 月

前　言

气候的变暖、生存环境的恶化以及不可再生能源储备的有限性，促使世界各国意识到开发利用太阳能等可再生能源的紧迫性和重要性。很多发达国家，都在积极推出相应的鼓励政策和研发太阳能的各项技术，特别是太阳能技术在建筑上的应用。我国近年也出台了一系列相应的政策和法规，以鼓励和推动太阳能的应用，但由于我国正处于城市化的快速发展阶段，为确保城市生态系统的平衡和居民生活环境的良好质量，满足人们不断增长的需求层次，住宅建筑已呈现高层、高密的趋势，尤其是大城市，如上海近三年的 $11\sim15$ 层高层住宅，已俨然成为 8 层以上高层建筑建设的主角。伴之而来的是，高层住宅建筑所带来的高能耗问题和可持续发展的问题。而随着太阳能应用技术的日渐成熟，太阳能的利用已被作为一种较为可行的建筑节能的技术途径和手段，我国太阳能在低、多层住宅建筑上已被广泛采纳，且成效可嘉，而高层住宅如何应用和推广太阳能，还处在探索阶段。随着国家节能减排政策的推出，高层住宅的节能问题已是迫在眉睫，高层住宅是否适合及如何利用太阳能技术已备受关注，这也是目前我国大城市住宅建设可持续发展的焦点所在。

本书正是在此背景下，以作者近年来主持的博士后自然科学基金和上海建交委"十一五"重科项目，以及参加的国家自然科学基金项目的研究成果为基础完成的，是作者多年从事建筑太阳能利用的研究和实践的一点积累。全书基本框架分三个部分，绪论部分主要对近两年上海高层住宅的调查，包括住宅概况、空调设备、热水器设备、生活方式、住宅舒适度、室内空气品质、冬夏季着衣量、能源使用状况与实测记录共九部分内容，在此基础上，研究了上海高层住宅室内热舒适性和能耗结构的特点。其次，在理论论证方面，论文引入系统思维和生态观，提出了太阳能与建筑系统整合设计的目标、内涵和思想。第二章为国内外太阳能应用现状研究，结合上海的气候特点，对比中国北方地区、欧洲及北美地区太阳能资源和工程实践和可再生能源的激励政策，分析了我国太阳能的开发利用的潜力和存在的问题。后续三章从应用角度对整合设计进行深入研究。一是研究在高层住宅群体布局下，高层住宅南立面的日照时长问题；二是从高层住宅可利用的太阳能技术系统的类型、选择原则到规划方案入手，分析高层住宅建筑单体的剖面和平面组织与太阳能系统的整合设计。三是针对目前上海高层住宅的屋顶、墙体、阳台等外界面现状，探讨了开发高层住宅外界面区域的可能途径，研究太阳能采集器与建筑外界面整合的形式、程度与构筑的标准方法。本书旨在从设计技术的角度解决一体化的应用问题。研究结论不仅对推动我国生态型高层住宅具有积极的意义,同时为建筑师在太阳能建筑创作中提供了新的思路。

在本书即将付梓之际,我要特别感谢我的导师戴复东院士,回首望去,戴先生治学的严谨、宽厚的学者风范和在建筑设计上的务实性,促使我学会在研究中不断地立足于从实际出发去思考问题和建构理论;他敏锐的学术洞察力、前瞻的思想引领和带动着我的研究,也将成为我今后在学科领域不断迈进的滋养。由衷的感谢宋德萱教授对我从事太阳能建筑研究的自始至终所给予的鼓励、鞭策和宝贵的学术上的见解。感谢上海现代建筑设计集团的程华宁总建筑师给予研究的各方面支持;感谢同济大学热能系张旭教授和李峥嵘教授在研究测试、技术方案方面给予的指导和帮助。本书编写过程中,得到了皇明太阳能集团有限公司、山东力诺瑞特集团和昆明新元阳光科技有限公司给予的协助。

本书的出版凝聚了同济大学出版社工作人员的辛勤工作,是他们的支持和帮助才使得本书得以顺利出版。此书的出版是所有参加单位共同努力、团结协作的结果,在此深表敬意!

由于著者水平有限,书中难免存在一些问题和不足之处,诚恳地希望读者提出宝贵的意见和建议。

史洁

2012 年 3 月 27 日

目 录

第1章 绪 论

　　能源一直是人类赖以生存的基础,煤炭、石油和天然气等不可再生能源仍是当今世界的主要能源,它们为人类的生存和发展做出了巨大贡献,人类也依靠它们取得了辉煌的经济腾飞和科技进步。但发展至今,这些常规能源的有限性及在其使用过程中对环境造成的危害,让人类不得不面临前所未有的威胁和挑战。这促使人们不再局限于眼前利益与经济价值,而更多地去关注可再生能源,关注能源的长远价值与社会价值;促使人们开始在越来越广的范围内,考虑人类的建设行为的价值取向。从长远的利益来看,人类走可持续发展之路①,已不是一种选择,而是一种必然[1]。

　　太阳能是一种分布广泛、取之不尽、用之不竭、绿色无污染的清洁能源,对它的利用,不会影响自然系统的健康状态。因此,太阳能已成为当今人类社会可持续发展的首选能源。

1.1 挑战与使命

1.1.1 人口与能源消耗

　　一个世纪以前,地球上只有不到 20 亿的居民,而今天这个数字已经接近 70 亿。以此速度发展下去,预计 21 世纪末地球上将有 120 亿人口,迅速增长的人口也正以惊人的速度消耗着地球的能源(图 1-1)。能源是人类得以生存和发展的物质基础,一个国家的高速发展依赖于能源的大量开采和有效利用。社会越发达,现代化程度越高,能源的消耗量也就越大。目前人均年能源消费量已被视为一个国家贫富的标志。

　　随着全球人口不断增长和经济速度加快,常规能源的开采和消耗还在持续,而世界能源的储量是很有限的。2011 年 6 月下旬 BP Amoco 公司公布的《BP 世界能源统计评述

---

① 1993 年 6 月的芝加哥世界建筑师大会指出:可持续性发展是指在不牺牲子孙后代未来需要的情况下,满足当前需要的发展。为了现有的和未来的全部生命的利益,一个具备可持续性的社会将恢复、保持并加强自然与文化。对于一个健康的社会来说,生物多样性与环境的健康性都是必需的基本因素。我们今天的社会正在严重地破坏环境,是不具备可持续性的。

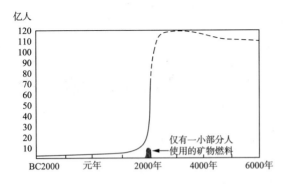

图 1-1 世界人口增长与原油资源的消耗[2]

《2011》中关于世界能源证实储量的数据显示,到 2010 年底,石油为 1 888 亿吨,可采 46.2 年;天然气为 187.14 万亿米³,可采 58.6 年;煤炭为 8 609.38 亿吨,可采 118 年。[3]这些数据警示我们,能源消耗已成为当今全球进一步发展面临的主要问题。

中国是世界上人口最多的国家,也是世界上能源生产和消费大国之一。中国的能源消耗占世界总能源消耗的 11.5%[4],已成为世界上仅次于美国、俄罗斯的第三大能源生产国和仅次于美国的第二大能源消费国。但是,中国人均耗能却较低,占世界 1/5 的人口仅消费世界能源的 1/9,人均耗能约为世界平均水平的 1/3。自 1980 年起,中国进入经济起飞阶段,GDP 总量迅速增长;人口总数由 1980 年的 10 亿增加到目前的 13.4 亿,预计到 2020 年将上升到 14 亿。随着我国经济的发展和人口的增长,我国能源消费总量的长远需求将会不断提高,这也是不可避免的。据 2011 年的数据显示,我国常规能源的实际使用年限要比全球的能源使用年限短得多,我国石油储量仅为 20 亿吨,使用年限约 9.9 年;天然气资源储量为 99.2 万亿米³,仅能使用约 29 年;煤炭资源探明储量为 1 145 亿吨,仅能使用约 35 年[3]。由此看来,我国的能源形势比全球的能源形势要严峻得多。

当今世界各国都在寻求新的能源替代战略,以求得国家的可持续发展和发展优势地位。21 世纪世界能源系统将发生重大变革,由煤炭能源、石化能源和核动力能源为主,向以环保洁净的可再生能源为主发展。世界能源理事会和国际应用系统分析研究所研究认为:21 世纪下半叶随着石油和天然气资源的枯竭,太阳能和生物质能等可再生能源将获得迅速发展。有专家认为,到 21 世纪中叶太阳能发电所占比重将增加到 50%,并将在 2100 年占世界一次能源构成的 50% 以上[5]。

1.1.2 环境的可持续性

纵观世界能源发展的历程,在能耗迅速增长的同时,能源的构成状况也发生着巨大的变化(图 1-2)。在 18 世纪中叶以前,人类主要使用柴草作为能源;随后,蒸汽机引发的工业革命促使了煤炭工业的发展。20 世纪初,石油在能源的构成中只不过是刚露头角,而到 20 世纪 50 年代,中东大油田及世界各国石油和天然气的开发利用,使石油逐渐成为主要能源。目前世界能源消耗主要以煤炭和石油等常规能源为主,在世界能源的总消费量中,美国、日本及西欧经济发达国家消费较多。20 世纪 50 年代中期爆发的中东战争,酿成了这些工业化发达国家第一次能源危机,而 1973 年爆发的第四次中东战争,给西方世界带来了更为严重的能源危机。

如果说,早先减少能源消耗是为了避免世界石油危机,进入 20 世纪 90 年代以后,人类不仅要面对资源的有限性,而更为突出的是环境保护问题。因为这些常规能源的使用,不仅造成环境污染,同时由于排放大量的温室气体而产生温室效应,引起全球气候变暖。许多专家认为导致全球气温升高的主要原因是在过去的 100 多年里,尤其是最近 50 年,人类在使用能源的活动中过度排放温室气体,特别是二氧化碳所致(图 1-3)。若按现在的二氧化碳排放速度,每 10 年地球的温度就会升高 0.1 ℃~0.26 ℃,一个世纪就会升高 1 ℃~3.25 ℃[1],而南北极的温度上升幅度会更高。据国际能源机构 International Energy Agency (IEA)估算,1995 年全球二氧化碳总排放量已达到 220 亿吨,其中中国为 30 亿吨(占全球总排放量的 13.6%),仅次于美国的 52.79 亿吨(占全球总排放量的 23.7%)[7]。而世界各国建筑在能源使用中所排放的二氧化碳约占全球二氧化碳排放总量的 1/3,其中公共建筑占 1/3,住宅占 2/3。

随着全球变暖趋势的进一步加剧,地球环境和人类社会将会更加脆弱,气象灾害将成为人类社会面临的最严重的自然灾害。统计显示,20 世纪 90 年代全球发生的重大气象灾害比 50 年代多 5 倍[7]。近期南极洲东海岸附近一带面积为 3 250 km² 冰架溶解,并分裂

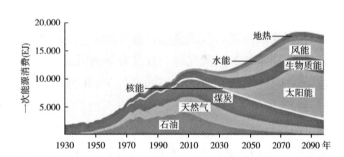

图 1-2 世界能源消耗变化趋势[6]

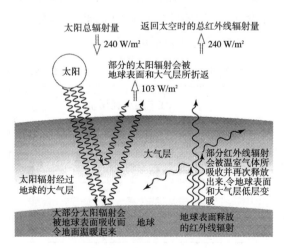

图 1-3 全球气候变暖的原理[8]

成数千个冰山,是 30 年来发生的此类事件中规模最大的一次。这预示着南极洲的冰河流量将增加,全球海平面将上升,并导致低洼地区被淹没。美联社援引英国慈善机构 2007 年 5 月 15 日公布的一份报告称,如果一些发达国家不马上采取有力行动,到 21 世纪末,仅非洲撒哈拉以南地区就可能有 1.8 亿人因患由全球变暖引发的疾病而死亡,将会有数百万人口沦为难民。全球性气温升高还将导致海水热膨胀、极地冰川融化,以及永久冻土带的消融、变暖和退化,厄尔尼诺现象将更为频繁、持久和强烈。

能耗的迅速增长与能源结构的不合理也使我国面临严峻的环境压力,其中影响最直接、最大的就是温室气体排放和臭氧层破坏。据各国二氧化碳的排放量统计,美国年均 20 吨/人,德国年均 12.3 吨/人,日本年均 8.7 吨/人,中国年均 2.2 吨/人。从数字上看,中国年人均二氧化碳排放量较小,但中国人口众多,生产技术水平较低,能源使用效率低,加上以煤炭为主(据 2004 年统计,煤炭占了我国天然能源需求的 70%)的能源结构、清洁煤技术和使用后渣质除污技术的滞后,导致中国的大气环境主要呈煤烟型污染,所产生的废气,如二氧化碳和氮氧化物等会引起酸雨,造成大面积的森林毁灭、农作物减产、金属设备及建筑物酸蚀。据估计,到 2020 年中国将成为世界上最大的温室气体排放国[9],能源问题已经成为阻碍中国经济、社会发展的瓶颈。

1.1.3 太阳能利用的使命

快速的城市化进程,促进了我国建筑业的蓬勃发展,但建筑能耗值也不断攀升。2001 年,我国建筑能耗已占到全国总能耗的 27.6%。预计到 2020 年,建筑能耗将上升到 35%。然而,我国建筑节能状况却一直没有得到明显的改善,建筑单位能耗与发达国家相比差距较大,在采暖期较其他国家短的条件下,我国每年单位面积采暖能耗为发达国家的 3~4 倍。而大城市人口聚集,住宅建设量大面广,居住建筑类型表现出高密度特征,主要包括城市高层高密度住宅、多层集合式公寓及低层高密度住宅。随着人们生活水平的提高,高密度住宅区域民用耗能日渐增大,给城镇环境造成极大的压力。目前我国住宅建设面临五大挑战:建筑使用过程的能耗过高,环境负荷过高,工业化程度过低,综合性能过低,对节能住宅普遍认识不足(表 1-1)。

表 1-1   我国住宅建设耗用量情况[10]

住宅建设耗用量	占全国总用量比例
用钢量	20%
水泥消耗量	17.6%
耗水量	32%
总能耗	37%

发展新能源和可再生能源是节能的必然趋势,也是一个很好的途径。太阳能作为绿色无污染的清洁可再生能源,可以满足开源节流和节能减排的建筑发展目标。因此如何有效和科学地利用太阳能,已成为当今全世界关注的共同课题。

1.2 高层住宅建筑的特殊性

1.2.1 发展概况

我国城市住宅建设发展迅速,城市人口不断增长,为确保整个城市生态系统的平衡和居民生活环境的良好质量,满足人们不断增长的居住需求,住宅层数的增加是一种必然趋向,城市住宅建筑呈现向高密度高层发展趋势,如上海地区,因人口聚集且受地价攀升的影响,近 30 年来高层建筑建设发展迅猛(图 1-4)。2008 年的上海统计年鉴数据显示,在各类房屋建设中,居住建筑已占总数的 57.8%。从 20 世纪 70 年代起,结合旧城改造,上海便开始建造高层住宅;到 80 年代,近十年的发展,高层住宅已成为上海住宅建设的重要组成部分;进入 90 年代后,城市建设采用了土地批租政策,小高层住宅逐渐成为适合城市发展的主要住宅形式。尤其是近 3 年,11~15 层的高层住宅已成为住宅建设的主角。

1.2.2 现状调查

为了解高层住宅建筑基本情况,研究中通过问卷调查和室内测试两种途经对上海高层住宅进行调研。在 2005 年冬季和 2006 年夏季分别投出 80 份问卷(附录 A 和附录 B),收回夏季问卷 54 份和冬季问卷 66 份。上海每年最热月份为 6~9 月,平均温度为 25℃~30℃,最高气温高于 35℃的有 10~20 d;最冷月平均温度为 3.5℃,最低气温-10.1℃。因

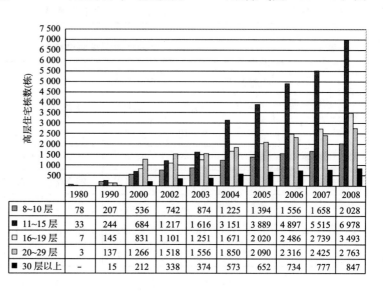

	1980	1990	2000	2002	2003	2004	2005	2006	2007	2008
▣ 8~10 层	78	207	536	742	874	1 225	1 394	1 556	1 658	2 028
■ 11~15 层	33	244	684	1 217	1 616	3 151	3 889	4 897	5 515	6 978
□ 16~19 层	7	145	831	1 101	1 251	1 671	2 020	2 486	2 739	3 493
▨ 20~29 层	3	137	1 266	1 518	1 556	1 850	2 090	2 316	2 425	2 763
■ 30 层以上	-	15	212	338	374	573	652	734	777	847

图 1-4 上海 8 层以上高层
住宅建筑发展状况[11]

此,夏季问卷和测试的时间选在7月中旬至8月底,冬季选在11月下旬至3月上旬。两次问卷的主要调研内容可归纳为住宅概况、空调和采暖设备、热水器设备、住宅舒适度、室内空气质量、冬夏季着衣量、能源使用状况等9个部分,如表1-2所示。

室内测试调研选取多栋高层住宅的顶层、中间层和底层,进行室内热湿环境实测。在每户的主卧室、客厅、北向房间和室外分别安装HOBO系列的空气温湿度记录仪(见附录C),采集室内外空气温度和相对湿度。温度仪室外设置位置避开太阳的直射,并加设防雨罩;室内放置在距墙面和地面1.1 m处,每小时记录1次温湿度,每户连续测试3天。室内外温湿度实测的统计结果见表1-3。

1. 建成年代与住宅层数

调研的高层住宅的建设年代主要集中在2000年以后,占65.1%(图1-5)。高层住宅中,小高层(7~12层)占24.53%,100 m以下的13~18层和20~34层住宅比例较大,各占总数近36.79%,而100 m以上超高层仅占1.89%。住宅的平均层数为13.8层(图1-6)。数据说明:上海近年来超过18层的住宅在逐年增加,而且也不乏超高层住宅。

表1-2 调研问卷主要内容

住宅概况	建筑年代、面积、层数、户型、窗体及阳台状况
空调设备	空调安装量、使用状况、夏季降温方式、冬季采暖方式
热水器设备	热水器的能源及其设置
生活方式	家庭成员状况、主要活动房间
住宅舒适度	室内温度、湿度、通风状况、日照、舒适度的满意度
室内空气质量	室内空气质量的满意度及改善方法
冬夏季着衣量	着衣类型及着装量
能源使用状况	7月、8月和12月、1月电力及煤气的使用量、能源费用
实测记录	连续记录10 d早中晚室温

表1-3 室内外温湿度测试结果

房间名称	测试结果	温度(℃)			湿度(%)		
		最高	最低	平均	最高	最低	平均
夏季	室外	34.43	22.48	29.98	88.50	48.00	69.15
	客厅	31.52	24.4	28.94	86.70	38.70	67.21
	卧室	32.76	27.12	29.50	77.90	38.70	65.01
冬季	室外	11.38	2.03	7.13	92.20	42.40	67.35
	客厅	12.16	10.30	12.07	84.65	43.50	63.63
	卧室	15.10	9.40	11.43	74.40	48.20	60.01

2. 住宅户型与面积

住宅户型主要有 2 室 1 厅、2 室 2 厅及 3 室 2 厅三种类型,其中 3 室 2 厅住户最多,约占总数的 33.33%;2 室 2 厅住户占 28.57%;2 室 1 厅占 24.76%(图 1-7)。户型建筑面积为 32~210 m²(图 1-8);面积为 100 m² 以上的户型占 56.5%。为此,后续室内舒适性研究着重选择了 3 室 2 厅户型进行室内热环境测试。

3. 住宅朝向与阳台状况

选择住宅的时候,建筑朝向是主要决定因素之一。图 1-9 为住宅朝南房间的调查结果,客厅兼卧室和专用卧室在住宅中的南向布置率均明显高于其他房间,分别为 62.26% 和 72.64%。建筑师在高层住宅平面设计时,为增加居室的南向比率,设计了很多颇具特色的住宅平面,如北向廊式住宅、"蝶形"塔式住宅和目前较为流行的单元板式住宅。

对于高层住宅阳台,有 71.9% 的住户将阳台封闭起来,封闭阳台的主要原因有三个:

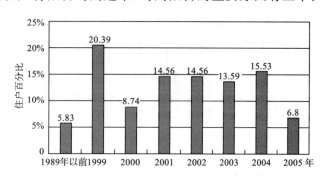

图 1-5 高层住宅建成年代统计

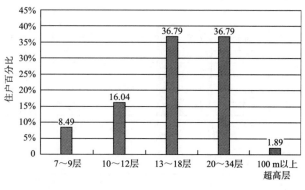

图 1-6 高层住宅建筑层数统计

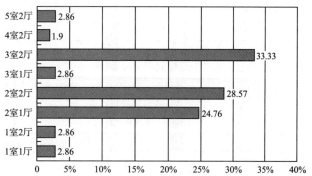

图 1-7 高层住宅户型比例

一是43.08%住户认为封闭阳台可避免室外的灰尘;二是27.69%住户认为封闭阳台可提高冬季室内温度;另有24.61%住户想利用阳台增大住宅使用面积(图1-10)。这表明阳台已成为住户用来调节室外环境影响的过渡空间,希望阳台在冬季具有一定的保温和收集热量的作用,并适当解决住宅面积相对紧张的情况。

4. 住户的生活方式与习惯

在人与环境的交互作用中,人类不仅仅是环境物理刺激的被动接受者,同时也是可以采取相应手段的积极适应者[12]。调查显示,在闷热的夏季,90.7%的居民采用空调降温(图1-11),其他比例较高的降温方式包括电扇调节室内空气流速、冲凉、喝冷饮及窗帘遮挡太阳能辐射等。这些对环境的不同程度的适应行为,主要受环境温度的影响,并由此形成了一定的生活习惯,在冬季这种影响表现尤为突出。由于上海属非采暖地区,调查中有13.6%的居民冬季室内衣着为羽绒服,与室外的穿着无差别;大多数居民采用局部采暖,

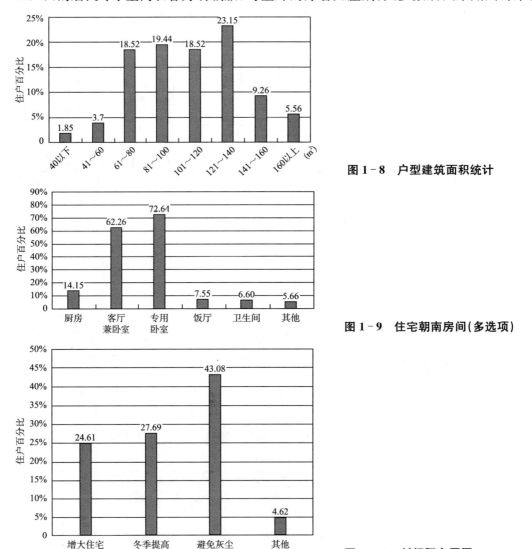

图1-8　户型建筑面积统计

图1-9　住宅朝南房间(多选项)

图1-10　封闭阳台原因

如热水袋、电热垫或毯、电暖器等取暖方式,很少像夏季大段时间开启空调。表现出上海居民对冬季寒冷气候有较强的适应能力。

5. 住宅室内通风换气与空气质量

1) 住户对室内空气的满意度

换气次数是与人体健康相关的室内空气质量指标。冬夏季节使用空调设施时,为了节能要限制通风换气量,但同时也要保证室内的空气质量。调查中 50% 以上居民对室内空气质量表示比较满意,但仍有 30% 以上居民不满意(图 1 – 12)。居民认为空气不好的主要原因是在炎热与寒冷的天气,为了室内舒适度,通常不能开窗通风所致(图 1 – 13)。如果没有机械辅助设施,室内的换气次数无法达到 1.0 次/小时。

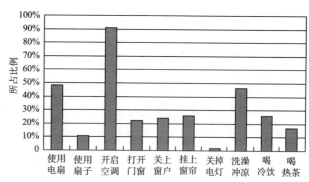

图 1 – 11 夏季室内降温方式

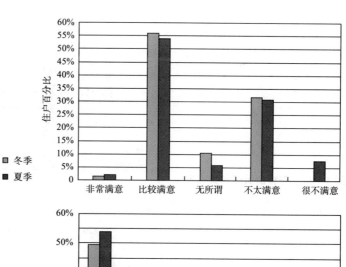

图 1 – 12 居民对室内空气质量满意度统计

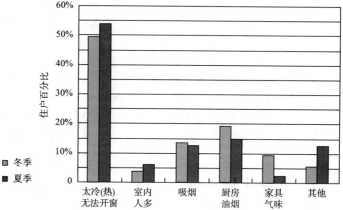

图 1 – 13 室内空气质量不好原因调研

2）室内换气方式与频率

在生活水平步入小康的今天，人们对室内舒适度的要求也越来越高，而目前住户所采用的机械通风方式只局限在厨房和卫生间，而其他房间的换气则采用开窗方式。住户开窗时间的长短主要依据个人感到冷或室内空气不佳等原因，这不利于有效控制住宅的换气量，具有很大的随意性，也给建筑节能带来很大的难度。出现此种状况与我国的住宅建筑设计标准及生活习惯有很大关系。

每天的开窗换气时间如图1-14所示，冬季开窗时间较短，36.36%以上的住户表示开窗1~2 h，33.34%的住户表示开窗少于1 h；在夏季，46.15%的住户表示开窗时间半天以上，卧室开窗情况见图1-15。夏季在不开空调的时候，住户基本为开窗状态，房间里的温度与室外温度的变化应是一致的。

1.2.3 室内热舒适研究

热舒适是居住者对室内热环境满意程度的一项重要指标。目前，ASHRAE55 - 19 (1992)[13]和ISO7730[14]是世界上普遍采用的室内热环境热舒适程度的评价和预测标准。ASHRAE标准中给出了至少满足80%居住者的舒适区。ISO 7730阐述了丹麦工业大学

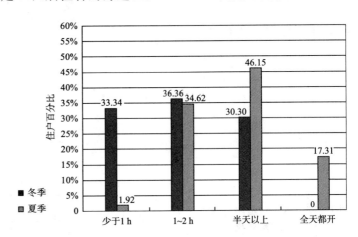

图1-14 开窗的时间长短情况

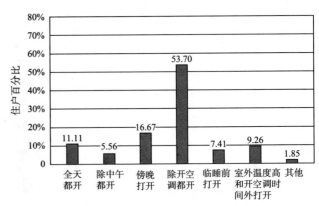

图1-15 夏季卧室开窗情况

Fanger 教授提出的预测人体热感觉指标 PMV[15]。

1. 住户热感觉的统计分析

为全面了解住户的室内热环境,让住户对全天早、中、晚三个时段不制冷时室内热感觉进行投票。温度的满意程度的投票值采用 7 级指标(－3 过分阴冷,－2 冷,－1 稍凉,0 舒适,1 稍暖,2 暖,3 热);湿度的满意程度的投票采用 5 级指标(1 干燥,2 比较干,3 适中,4 比较湿,5 潮湿)。

夏季温度热感觉投票结果见图 1－16,早晨 50.9%住户投票值处于－2～2,说明这段时间内的室内热环境较为舒适;中午 90.5%的住户投票值为 3,晚上则 79.2%住户投票值为 3,反映了这两个时段居民对房间内的热环境满意度较低。图 1－17 为全天早、中、晚的湿度感觉的统计,结果表明夏季湿度是适宜的,且稍偏湿润。

图 1－18 为冬季住户对温度热感觉投票结果,中午 78.7%的住户投票值处于－1～1,说明这个时段住户对室内热环境较为满意;早晨 66.1%的住户投票值在－2 及以下,晚上则有 76.6%的住户投票值为－2 及以下,反映在冬季人们对早晚时段,房间内的热环境满意度较低。图 1－19 为全天早、中、晚的湿度感觉的统计结果,总体而言,冬季湿度还是适宜的。

2. 室内温湿度测试

根据户型调查统计结果,选择不同小区高层住宅的 8 层、16 层和 18 层住宅,进行室内外温度、湿度及风速等数据的采集。设定为 1 h 记录一次数据,每户连续测试 72 h,取最具代表性的 24 h 数据分析。

图 1－20 是夏季某住宅各楼层客厅室内温度和同一时间室外温度比较曲线。底层住户,客厅使用空调时间 18:50～23:40,卧室使用空调时间 21:00～00:00;中间层,仅客厅使用空调,时间为 10:10～15:40 和 21:50～23:20;顶层,客厅使用空调时间 20:20～03:00 和 13:00～15:00,卧室使用空调时间 13:00～15:40。结果显示,空调使用引起客厅的温湿度变化比卧室剧烈。另外,各层客厅与室外湿度测试结果比较见图 1－21,底层湿度略高于室外。

图 1－22 和图 1－23 分别为冬季室内外温度和湿度比较。图示可见,在冬季气温较低时,中间层的温度略高于顶层和底层,而底层住户室内湿度最高。

3. 室内热舒适性比较分析

热舒适计算以 Fanger 教授建立的热舒适模型为基础,用 PMV 指标作为热舒适的评价指标[13]。这里将实测计算结果与问卷统计结果进行比较分析。

1) 夏季测试与统计结果比较

调查统计夏季男性衣着主要有薄内衣、短裤和 T 恤、短裤两种;女士衣着主要是薄睡衣、短裤或 T 恤、短裤。经估算把所穿衣服的热阻值设定为 0.26clo[16],气流速度为 0.2 m/s[17]。假设平均辐射温度与室内空气温度相同。计算出各时间段的 PMV 平均值,与问卷中的相应统计值进行对比(图 1－24)。计算中,夏季分别选取住户不开空调时的 27 组实测数据(时间在 2006 年 7 至 8 月,对某住宅的底层、中间层和顶层住户进行了各连续 3 天的测试,选取每日 7:00—8:00,14:00—15:00,20:00—21:00 的 3 个时段数据)。

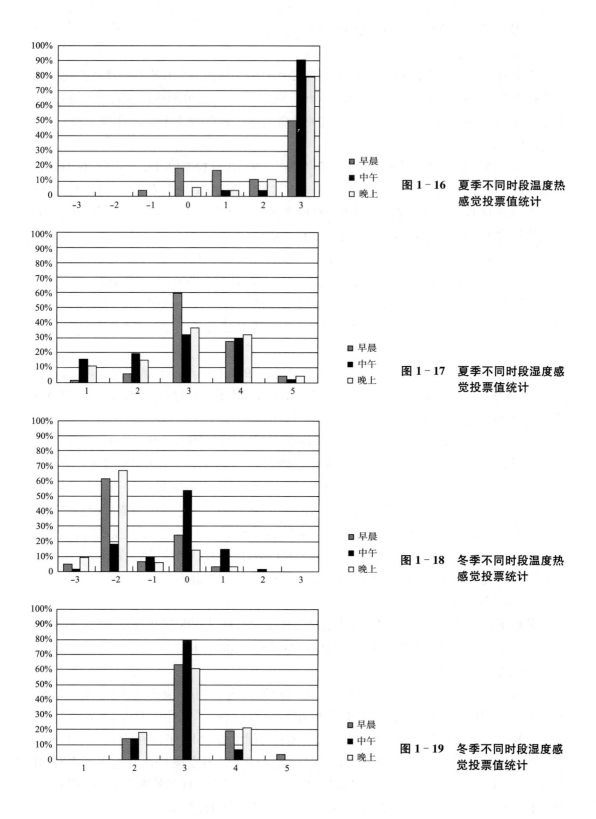

图 1－16　夏季不同时段温度热感觉投票值统计

图 1－17　夏季不同时段湿度感觉投票值统计

图 1－18　冬季不同时段温度热感觉投票统计

图 1－19　冬季不同时段湿度感觉投票值统计

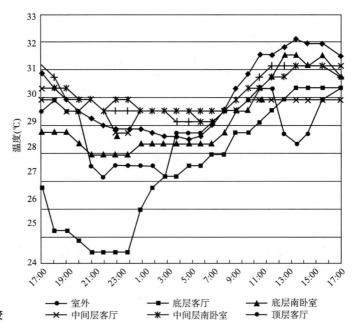

图 1－20 夏季各层客厅室内温度与室外温度比较

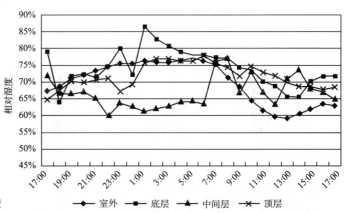

图 1－21 夏季各层客厅室内湿度与室外湿度比较

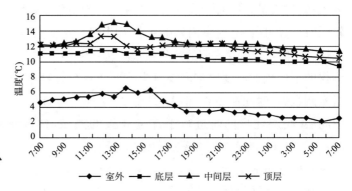

图 1－22 冬季卧室温度与室外温度比较

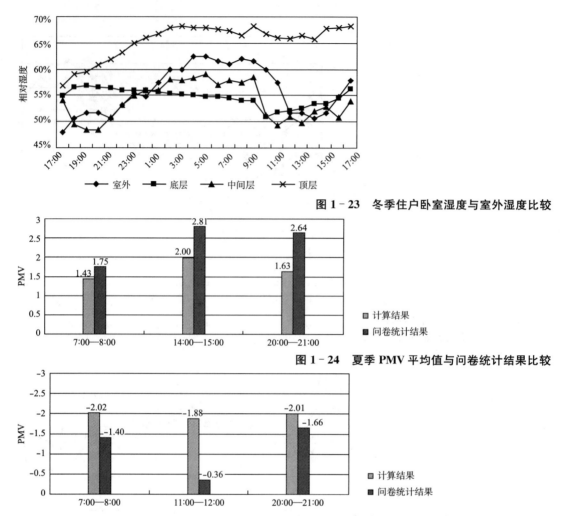

图1-23　冬季住户卧室湿度与室外湿度比较

图1-24　夏季PMV平均值与问卷统计结果比较

图1-25　冬季PMV平均值与问卷统计结果比较

2) 冬季测试与统计结果比较

冬季男性衣着的统计结果有两种：一种为内衣裤、衬衣裤，外加毛衣、毛裤；另一种是内衣裤、衬衣裤，外加棉衣、棉裤。另有13.6%的人冬季在室内穿羽绒服，说明在冬季温度较低时，上海居民有时室内外的衣着无差别。女士衣着主要是内衣裤、衬衣裤，外加毛衣、毛裤。经估算把所穿衣服的热阻值设定为1.6 clo。测得的气流速度的平均值为0.03 m/s。测得的平均辐射温度比室内空气温度低2℃。计算中，冬季分别选取住户不采暖时的27组实测数据（时间在2006年12月至2007年1月，对某住宅小区两栋高层住宅楼的顶层、中间层、底层住户同时进行了连续3天的测试，选取每日7：00—8：00，11：00—12：00，20：00—21：00的3个时段数据（图1-25）。

对比分析显示，调研住宅的冬夏两季室内舒适度较差；夏季问卷统计值高于计算值，而冬季问卷统计值低于计算值；这种差异在夏季晚间最大，在冬季午间的差异最大。事实上，从计算结果来看，冬季早、中、晚的PMV值差别不大，最低也要在−1.88以上，可见室内舒适度很差,但中午问卷统计值却在舒适区内。由于上海地处长江以南,长期以来,住宅设计多不考虑集中采暖,绝大多数上海居民从心理上就已经对较低的温度有所准备,而上海住宅的主要使用房间多为朝南向阳,冬季有阳光时午间的阳光较为充足,很大程度上提升了冬季午间室内的热舒适。

在夏季,中午的满意度明显比早上和晚上要低,PMV 值都在 1.72 以上。测试的统计数据结果显示,夏季在自然通风条件下不制冷时,室内平均温度皆在 29℃ 以上,而人们可接受的热环境对应的有效温度上限为 30℃[12]。另外,近年冬冷夏热地区的夏季不断增温,并持续高温,随着空调的普及,导致人们普遍采用空调等制冷设备来降温达到舒适要求。

4. 结论

(1) 高层住宅(7~18 层)在底层、中间层和顶层的室内温湿度相差不大。在夏季室外温度不是很高的时候,底层相对于其他楼层室内舒适度高些,在早晚时分,底层与顶层比中间层舒适,中间层在晚间舒适度较差。这也显示高层住宅的底层与顶层因受室外因素的影响较中间层大,应对其室内热环境采取一些改善措施,如屋顶绿化、遮阳等;而对于中间层应主要做好通风组织和遮阳设计。

(2) 冬冷夏热地区在无采暖和制冷设备的情况下,冬夏两季的室内热环境都达不到基本的舒适性要求。

(3) 冬冷夏热地区冬季采暖用电量逐年加大,采暖能耗问题不容忽视。冬季的阳光对室内的热舒适产生很大的影响。在建筑设计中如能合理利用太阳能被动式系统技术,可做到在不增加能耗的基础上,提升冬季室内的舒适度。

(4) 对于冬冷夏热地区的节能,控制好冬夏两季室内对阳光的不同要求是关键,既在夏季遮蔽阳光,也满足冬季足够的阳光射入,外遮阳是较为有效的节能手段。遮阳的宽度要进行优化计算,最佳选择是可变遮阳,也可以采用太阳能遮阳板,既可遮阳又可产能。

1.3　整合设计理论的提出

在人类的建筑实践活动中,从未间断对自然资源合理利用的探索,建筑的日趋复杂和对设计经验的需要,促使了建筑系统整合观念的产生。由于太阳能技术的日益多样和精密,以及大城市住宅的高层、高密度发展,建筑与太阳能系统整合设计的思想显然是对两者都有利的发展思路。

无论是太阳能光电系统还是光热系统,都由太阳能的采集、储存和分配三部分组成。若想将太阳能系统纳入建筑系统,首先需要考虑的是对太阳能的采集。由于阳光不仅随季节在变化,而且时时刻刻都在变化,因此,太阳能采集器的形式、朝向、角度、材料、面积大小是决定其效率的关键因素。而对于高层住宅来说,随着建筑高度的增加,平均每户可设置太阳能采集器的外界面面积却在减少;要尽可能多地采集太阳能并进行储存,还需要合理安置储存设备,既不影响建筑的使用空间,又能最有效地储存能量;然后在适当的时候将其再分配出来供建筑使用,这些都需要建筑设计的整个过程对太阳能系统进行统筹考虑和同步设计。

1.3.1　建筑与太阳能系统的关联

无论采用哪种太阳能技术系统,首先需要对太阳能的热或光进行采集,然后再进行转换、储存、分配。建筑外界面是太阳能采集的关键部位,它的开发与利用是太阳能系统应用的基础;而太阳能系统的优化不仅提升了建筑外界面的性能,采集的能量也能很好的服务于建筑。它们的互相作用和影响,不仅促进了太阳能系统应用技术的发展,而且也利于建筑立面形式创新。

太阳能的应用可归纳为光热转换、光电转换、光化学转换三种方式,在建筑中主要利用的是光热与光电转换技术。太阳能可以直接用于建筑采暖,或经过转换后提供热量或冷量所需,太阳光可以直接用于建筑采光或由太阳能电池转换为电并加以利用。按照利

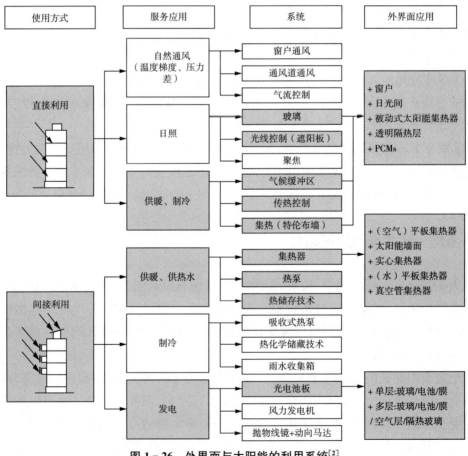

图 1‑26　外界面与太阳能的利用系统[2]

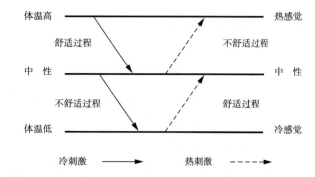

图 1－27 动态条件下冷刺激的不同反应[18]

用方式的不同,可以分为太阳能直接利用和间接利用。直接利用是指不依靠任何机械手段,通过建筑设计手段利用太阳能,直接满足建筑的通风、采光、采暖和制冷需求;而间接利用则需要额外的机械功消耗。根据这种划分方式,图 1－26 显示了与建筑有关的太阳能技术系统。图中灰色部分为目前在建筑上应用较广的太阳能技术与外界面利用方式,也是本书将要讨论的太阳能利用系统。

建筑与太阳能系统之间的整合体现了建筑与技术系统的整合,在人们熟知的工业化建筑的历史和后工业日益复杂的世界之间建立了一种良好的联系。它们的相互作用,有助于人们理解技术与设计是互补的,而不是对立的。这种互动关系应贯穿于整个设计过程,它包含各学科间的整合、建筑作为团队策略的整合和建筑学所积淀的智慧。

1.3.2 整合设计的目标

太阳能系统与建筑整合设计应在满足功能和舒适性基本要求的基础上,达到建筑节能减排,这也是建筑可持续设计的基础。

1. 提高舒适性

"热舒适"(thermal comfort)已广泛应用于研究人体对热环境的主观热反应。在美国供暖制冷空调工程学会的标准(ASHRAE Standard 55－1992)[13]中,明确定义了热舒适的概念:是对热环境表示满意的意识状态。在热刺激时人体的热感觉变化较慢,而在冷刺激时则较快;当人体温度高于中性温度时,冷刺激会引起人体的舒适或愉快反应。图 1－27显示出人体处于不同热状况时冷刺激和热刺激的不同作用。认为在稳态中性的热环境下可以达到舒适是没有根据的,那只能是一种无差别、无刺激的状态,而且"这种状态的好处并没有实际证据来支持"[18]。事实上,从卫生学的角度,一些学者已经提出了对人体长期处于热中性是否有利的担忧,并指出"在房间内实际的恒温状态对居住者的健康有害"[19]。可见,热舒适应是一个动态的过程。

在现实世界中,我们的身体无时无刻都面临着周围温度环境施加的压力。依靠像皮肤这样薄的热障,在变化不定的环境中维持恒定的体温是相当困难的。因而,为人们日常生活创造舒适的内在热环境是建筑所应具备的基本功能,整合设计应考虑热环境参数适当的动态化,有利于实现在尽可能少的能量消耗和环境污染的前提下,提供健康、舒适和可承受居住环境的发展目标。

2. 节能减排

太阳能与建筑系统整合设计的根本目的是利用可再生能源带动建筑内的设备系统,在确保室内舒适的前提下,努力把需求的总量(人工取暖、制冷、照明和其他能量输入系统)减到最小。当然最为理想的状态是零,甚至输出能源,让建筑本身就是一座良好的发电站,同时减少有害气体的排放。

据专家分析,在未来的 50～100 年内,全球要减少 50% 以上的高温气体排放,才能满足有效保护气候的要求。而减少二氧化碳等温室气体排放主要取决于可持续能源的发展,太阳能是重要的可持续能源。就我国发展较为成熟的太阳能集热器而言,每平方米太阳能集热器每年可减排二氧化碳及其他气体 331 kg,减少环境治理费达 75 元/米²,环境经济效益非常可观(表 1-4)。建筑对太阳能的利用,既可达到建筑的基本节能,又是一种开源的手段,即在满足日益增长的舒适要求之外,可利用太阳能的能量转换降低建筑的采暖、制冷、热水等常规能源消耗,从而达到性能指标和国家的节能减排的要求。

1.3.3 整合设计的思想与内涵

从理论上讲,建筑各组成构件可分别设计且各司其职。建筑中的每种功能构件都有许多相互竞争并各具特色的产品供选择,似乎只要完成了最终的组合,这些独立的部分就能各就其位,互不干扰地完成它们各自使命。事实上,在这样荒唐的、支离破碎的方法中,人们得到的是许多令人瞠目的建筑。这让我们质疑:建筑如何拥有和谐、美感、实用性?通常在建筑设计中,从周密地考虑整体及其建成后的景象开始,人们就在不断地深入内部,研究所有局部和功能之间的关系。在建筑的局部之间显然存在某种呼应和秩序,来形成一个综合的整体。但统揽全局的想法又有多大的概括力呢?用什么样的思维方式来理解和解决在这个过程中出现的各种问题呢?这正是整合论题的关注点所在。

表 1-4　　　　　　　每平方米太阳能集热器环境效益[20]

减排气体		排放因子(kg/kgce)	年减排量(kg)	年环境效益(元)	寿命期内总效益(元)	9 000 万米²年环境效益
有害气体	SO₂	0.022	3.96	1.26	49.8	356 万吨
	NO₂	0.01	1.98	2.0	3.96	178 万吨
	烟尘	0.017	3.06	0.55	16.8	275 万吨
温室气体	CO₂	1.79	322	0.20	64.4	2 898 万吨
总效益		—	—	75.02	750.2	67.5 亿元

1. 建筑系统的整体性

建筑是一个庞大而复杂的系统。系统最为本质的属性是系统的整体性,因而"整体"和"系统"这两个概念经常被当作同义词使用。在这个意义上,贝塔朗菲指出:"一般系统论是对'整体'和'完整性'的科学探索"[21]。即整体性是指系统诸要素集合起来的整体性能,就是系统诸要素相互联系的统一性。要素一旦构成系统,系统作为有机联系的整体,就获得了各个组成要素所没有的新的特性。这种新的特性,是要素、系统整体和外部环境相互作用的结果,因而只有在三者之间的关系中才能认识和把握系统整体性。系统整体性原理的实质,就是揭示一定环境下系统整体与要素之间的关系,是对整体与部分关系的深化。在太阳能建筑设计中,要把握的正是这种整体性所体现的特质。如何以主动的、有目的的方式去选择并组合太阳能系统与建筑各个部分,从而提供一个清晰的框架,是整合主要的思考点。建筑的大部分构件都有物理、视觉和性能三重作用,一种类型的整合很可能涉及其他类型,物理、视觉和性能三方面的优点是全面而有说服力的。建筑在建造和使用之前,必须在一定程度上协调好建筑系统内部物理、视觉、功能的关系,首先实现基本层次的整合。很明显,在建筑系统之间存在着不同层次的整合,并且层次愈高,舒适、形象、功能的协调性就愈好。

2. 多学科的结合

假如将设计艺术和科学技术分别考虑的话,就会给建筑师带来相左的追求目标和程序。如果作为艺术家的建筑师,只将技术视为实现更高美学理想的手段;或者,作为工程师的建筑师,只将设计作为技术优化和解决方案的忠实表达,结果都将是不完美的,成功的建筑通常兼具二者的优点。技术的兼容性在建筑实践中不只是一种附加的方法。把工业的机械和科学的幻想自然地融入建筑,引导建筑师考虑新的、动态的设计方法,并不断扩大建筑部件的语汇。人类将大规模、昂贵的新系统运用于建筑中的努力从未停止过。但是,建筑师不应满足于简单地纳入新的系统的思考方式。建筑师弗雷•奥托在专业化发展的过程中,强调"当今的建筑科学必须是多学科的整合"[2]。因此,需要不同学科共同的贡献,从而由多学科整合研究,创造出建筑的整体有效的形式。

3. 作为团队策略的整合

时代更迭,建筑的文化意义和实用要求变得更加复杂、更加丰富,而营造建筑的职责主要是由建筑师统领和协调的若干个专业来承担。随着建筑设计工作的日趋繁杂,在社会的商业和文化中,建筑师扮演着越来越独特的角色,很少有职业涉及的领域像建筑师这样广泛。单从知识角度讲,建筑师也许是整合的终极职业。艺术家可以创造更好的雕塑,工程师可以制造更好的机器,哲学家可以指示一个更高的境界。然而,只有建筑师必须把所有的这一切综合起来,形成一个明确、艺术、舒适的作品来造福后世。当个体建筑变得功能日趋独特,而且不再是简单设计程序的批量产品的时候,建筑师就更加需要依赖协作专业的重要成果。由建筑师主导的这样一个秩序井然的团队,首先形成的是一个紧密交织的交换信息和共享智慧的网络。

1.3.4 整合设计的方法

1. 层级的设计方法

较为理想的建筑与太阳能系统整合设计的方法可通过三个层面来获得(图1-28)。第一层面是通过基本建筑设计,对气候条件设"防",通过它来减少冬季热量损失和夏季热量侵入,并提高采光的效率。这一层面的决策内容是确定采暖、降温和采光的需求量,不佳的决策最终会使采暖、降温和照明的机械设备量成倍甚至是数倍的增加。主要是利用被动太阳能技术在建筑的采暖、降温和昼光照明上的应用,这些技术利用自然能源满足冬季采暖和夏季降温需求,并常年为建筑物提供照明。在这一层面上的正确决策也可以大幅度减轻日后机械设施的压力,主要是依靠对建筑物本体的设计来完成。第二层面主要是太阳能"用"的技术,以满足第一层面所不能满足的需求量。第三层面是利用不可再生能源的机械设备辅助来满足第一、二层面不能满足的需求量,当然这一层面需求量是零最佳。表1-5列出了在这三个层面上应分别考虑的典型问题。

这三个层面都是采暖、降温与照明设计不可分割的组成部分,它们对机械和能源的依赖较少,因而更加节省投资;多数情况下建筑的环境更加舒适,因为它们的机械设备无需应付巨大的热负荷;建筑形式往往也更有趣,因为不同于被隐藏起来的机械设备,像遮阳板这样的建筑构件对室外视觉效果具有相当大的审美价值。换句话说,将通常花在机械设备上的投资转而放到建筑元素上。对第一和第二层面的重视可以轻而易举地使机械设备投资降低50%;如果再多花些心思,这种节省有可能达到90%;在某些气候条件下,建筑甚至可以设计成完全不使用机械设备,这也是最为理想的追求目标。

2. 设计系统全过程中的整合

建筑设计需要一个过程,把各种论点、问题和决策综合起来,并最终决定通过何种建筑形式来实现理想。在设计过程的每一个阶段里,从大尺度的规划设计概念到最后建筑细部的敲定都需要周全考虑,对太阳能的运用,建筑师面临的挑战是需要重新思考设计全过程,同时在每个设计阶段加入更为广泛的生态概念,让不同的设计阶段(以及使用过程)都恰当地运用太阳能。

在整个生命周期中,城市建筑依存于一定地域范围内的自然环境,它是生态系统连续的能量流动和物质循环中的一个环节,它从属于更大的系统,同时也包含一定数量的子系统,具有一定的层级性。太阳能建筑设计内容也存在层级的划分,但绝不是整体的割裂,而是为了更有效地把握整体,对建筑进行系统的、具有能源意识的设计。

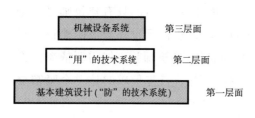

机械设备系统	第三层面
"用"的技术系统	第二层面
基本建筑设计("防"的技术系统)	第一层面

图1-28 层级设计方法

表 1-5 建筑采暖、降温和照明设计层级设计方法

	采 暖	降 温	照 明
第一层面 基本建筑设计 ("防"的技术)	节能； 表面积与容积的比率； 隔热； 渗透； 被动式太阳能； 直接获取； 特朗布(Trombe)保温墙； 太阳室	避开暑热； 遮阳； 室外色彩； 隔热； 被动式降温； 蒸发降温； 对流降温； 辐射降温	昼光； 窗； 玻璃种类； 内部装修； 昼光照明； 天窗； 高侧窗； 反光板
第二层面 "用"的技术	热水器采暖、热水； 热泵； 太阳能地板采暖	吸收式热热泵； 热化学储藏技术； 太阳能通风墙； 太阳能空调	光电池板； LED 灯
第三层面 机械设备和电气系统	加热设备； 锅炉； 管道； 燃料	降温设备； 制冷机； 管道； 散热器	灯具； 灯具位置

应在建筑设计的全过程中采取措施,找到整合后的节能方法,或者是间接地与节能效果相结合确保居住条件的方法。可以从传统建筑或不发达地区的建筑中,发现各种各样节能的智慧,将其应用于现代建筑中,并进行各种各样的节能尝试。但是单纯地收集和罗列这些节能的技术方法,并不能成为具有发展性和可行性的节能方法。因此,建筑整合设计和设备整合设计都是很重要的。其中,时间观念也是很必要的,通过构筑方法原理和准则这两条轴线,可以将无限广阔的节能方法系统化与体系化。

3. 一体化的视觉表现

建筑的外在形象是外露的、有形式表现力的构件组合在一起形成的。构件在叠加形象中的共存方式是由视觉整合实现的,色彩、大小、形状和位置是为了达到预想的效果所应考虑的基本因素。了解太阳能构件的设置要求和视觉特征对于整合设计是至关重要的。几年前,对于呈单一建筑形象的生态建筑的倡导,在一定程度上受到人们的质疑。在外部形象上这种建筑通常局限于对节能和生态设备的表现,而没有寻求将它们整合成为建筑自身的构成元素,这样做的结果产生了许多堪称丑陋的建筑。

在建筑历史中,有将建筑服务设施作为重要的功能元件以各种方式加入建筑外立面的尝试。构件之间的连接和系统之间的联系构成了整合的另一方面,这也是产生建筑细部的一个源泉。在不同材料连接处的结构、热效和物理的整合必须认真思考,它们之间如何连接、如何保证效率与它们各自在空间中的意义同样重要。机械设备、太阳能系统设备、集热装置、管道和许多其他元素将在建筑中自然地彰显出来,忽视它们或是企图用装饰掩盖它们的做法都是于事无补的。为满足这种技术标准和系统的要求,可能需要消耗不小的立面资源。对这些元素的运用,主要源自机械工程领域,它们既是系统的一部分,

更是建筑"裸露面"的重要要素,对它们的呈现代表了建筑立面形象的一种关键性变化。这些元素与建筑各构件之间的视觉和谐,以及它们与预想的视觉效果的一致性,提供了将技术要求与美学理想结合在一起的机会。总之,建筑中传统的形式与构造做法,已经被广泛应用且自成体系。目前,建筑与太阳能系统的整合设计,首先需要突破现有的建筑立面,研究太阳能技术与传统建筑构造系统的接口技术与方法,这不仅能降低太阳能技术应用的门槛,也会发现太阳能建筑设计的美学原则与内涵。

第2章　国内外住宅建筑太阳能应用现状

2.1　国外太阳能建筑发展概况

2.1.1　研究与实践

国外太阳能建筑的发展主要经历了被动式太阳房、主动式太阳能建筑和零能耗(或称负能耗建筑)三个阶段。在这一演进过程中,建筑从仅能获取能量,发展到可以成为能量的输出者,而不需要输入能量。同时,建筑也将成为洁净环境的一部分,而不只是环境的负担。

1. 被动式太阳房

被动式太阳房是一种不借助机械系统而对太阳能进行收集、储藏和再分配的系统。早在20世纪80年代初,美国由新墨西哥州的洛斯阿拉莫斯科学实验室编著了《被动式太阳房设计手册》及一些实用的被动式太阳房建筑图集,对成功的设计实例、太阳房的原理及构造都有较为详细的描述。相关图书的出版和太阳房样板示范的设计建造,对太阳房的发展起到了积极的促进作用。

最著名的太阳房之一,新墨西哥州圣菲的巴尔科姆住宅(图2-1),采用土坯砖墙砌筑,双扇门在白天能够促进热空气对流,在晚上则关闭以隔离太阳房。土坯砖墙在晚上同时向房间及太阳房散热;太阳房为建筑提供了90%的热量,同时也是下午休闲的好地方。

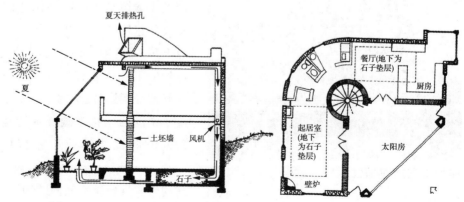

图2-1　巴尔科姆住宅[2]

奥代洛太阳房采用了法国人菲利克斯·特朗勃的集热蓄热墙采暖方式,是该采暖理论转化为实际应用的第一个样板房;英国利物浦附近的沃拉西圣乔治郡中学,是直接受益式太阳房最大和最早的样板之一。此外,美国位于新泽西州普林斯顿的凯尔布住宅、位于新墨西哥州科拉尔斯的贝尔住宅、位于新墨西哥州圣塔菲的圣塔菲太阳房,以及位于新墨西哥州科拉尔斯的戴维斯住宅等,都是太阳房的优秀案例。

2. 主动式太阳能建筑

在20世纪40年代,美国麻省理工学院就开始研究以太阳能集热器为热源的采暖、空调系统,先后建成多座太阳能示范建筑。20世纪70年代以后,又有华盛顿近郊的托马森太阳房和科罗拉多州丹佛市的洛夫太阳房等主动式太阳房的示范建筑建成。这些太阳房的成功建造使用,实现了太阳能采暖与空调系统在技术上的可行性,但由于投资较大,推广普及度不高。直到进入20世纪90年代,由于开发出更加高效的太阳集热器和吸收式制冷机、热泵机组等技术,其应用范围才得以扩大。日本的主动式太阳房的研究和应用位于世界前列。1974年日本制订了"阳光计划",并按此计划建造了数幢典型太阳能采暖空调试验建筑。多年来日本的太阳能采暖、空调建筑一直稳步发展,并已应用于大型建筑物上。

发达国家由于经济水平高,加之政府配套有优惠政策,居民对于太阳能设备的初投资负担小,所以在选用太阳能主动系统时,更注重系统的功能性以及建筑的美观与协调。这些国家和地区依靠先进的生产工艺,生产出种类齐全、功能完善的太阳能热水器产品以及安装配套部件,保证了高水平的安装工艺,实现了太阳能热水系统与建筑相结合。

3. 零碳建筑

近几年来发达国家已有相当发展水平的"零碳建筑"或"零排放建筑",即以太阳能为主,与其他可再生能源集成运用,完全满足建筑采暖、空调、照明、用电等一系列用能要求的建筑。这种建筑真正做到清洁、无污染,代表了21世纪太阳能建筑的发展趋势。

图2-2 伦敦零碳馆

2010年上海世博会城市最佳实践区的伦敦零碳馆是中国第一栋建成的零二氧化碳公共建筑(图2-2)。该项目原型取自世界上第一栋零二氧化碳社区贝丁顿社区,通过将贝丁顿社区的节能技术与上海地区的气候特征相结合,采用中国本土化的产品建成了中国第一栋零碳展示性建筑。伦敦零碳馆由两栋建筑前后相接而成,总面积2 500 m²,建筑使用太阳能、风能和水源热能联动来实现建筑空间内的通风、制热、制冷、除湿、加湿等室内舒适性的各项指标。系统的特色在于安置在屋顶上的22个五颜六色的风帽,风帽可以随着风向灵活转动,利用温压和风压将新鲜的空气源源不断地输入每个房间,并将室内空气排出,同时利用太阳能和江水源为进入室内的新风降温除湿。

伦敦零碳馆应用了成熟的基本建筑节能技术。它采用整体外保温的策略,墙壁用导热材料建造,减少室外热渗透,吸收室内多余热量,避免室内温度波动。零碳馆所需的电力,由建筑附加的太阳能发电板产生。在建筑的南面,通过透明的玻璃太阳房保存吸收的热量,转化为室内热能;屋顶上的太阳能热水板将太阳能转化为热能。建筑的北面通过漫射的阳光培育屋顶植被,同时北向漫射光为室内提供了自然采光。收集屋顶雨水,用来冲洗马桶或灌溉植物等,减少了馆内对自来水的需求。

2.1.2　德国太阳能建筑发展现状

1. 自然资源

德国地处欧洲的中部,属于北温带气候,其地理纬度为北纬 46.5°—北纬 55°,与我国东北哈尔滨以北地区的纬度相似,而其气候条件更像我国的华东地区。德国气象局每年都会为德意志联邦共和国提供太阳能辐射图(为全球平均水平的表面上太阳辐射强度)。德国南部太阳辐射与北部相差悬殊,南部最高辐射量可高达 1 200 kWp/m²,而北部德国约为 900 kWp/m²(图 2-3)。弗莱堡是全德国太阳能应用最发达的地区,平均每位居民拥有 36.7 kWp 的太阳光能容量,不仅是全德之冠,更在全球名列前茅。弗莱堡年平均日照时数超过 1 800 h,属于德国日照最丰富的城市之一。与上海的日照情况基本持平,具有参照性。

2. 太阳能建筑实例

1) 弗莱堡"太阳船"

弗莱堡"太阳船"项目位于弗莱堡城市的南部,它是欧洲最先进的太阳能住宅小区之一,设计者罗尔夫·迪斯根据它的造型将其命名为"太阳船"(The Sun Ship)。从空中俯瞰,"太阳船"是一个拥有 15 栋顶楼的大型建筑(图 2-4),共 3 排,每排 5 栋,依山而建,置身于一片翠绿之中,仿佛"林中之船"。2004 年竣工的"太阳船"建筑面积 11 000 m²,其中商业面积 1 200 m²,位于"太阳船"的一层,配备超市;办公面积 3 600 m²,位于二层和三层;地下两层,可停车 110 辆。太阳船提供 60 套住房,建筑面积 91~168 m² 不等,均设计在顶楼,而屋顶一律安装太阳能电池板(图 2-5,图 2-6),住宅前则是花园草坪。按照德国的《可再生能源法》,这些太阳能发电住宅用不完的电会被公共电网接收,住户可获得相应补贴。据统计,每户每年可获得 1 100~1 800 欧元。另外,小区还设立"太阳船基金",以 5 000 欧元起价出售,为期 20 年,用于相关环保项目的投资,年利率 6.2%以上。

2) 旋转住宅

设计师罗尔夫·迪斯的家"旋转住宅"(Heliotrope)是由他自己设计并建造的(图 2-7),共 4 层,安装有太阳能电池板及发电装置。该建筑以旋转楼梯为轴(图 2-8),随着太

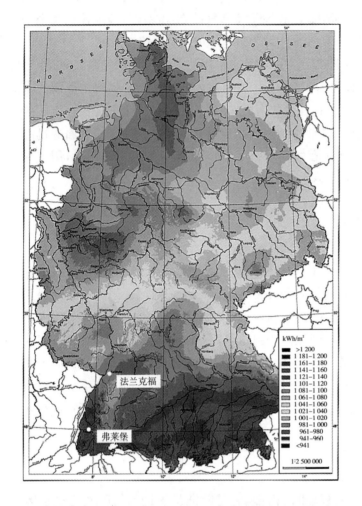

图 2‑3 德国太阳能辐射强度图

图 2‑4 "太阳船"鸟瞰图

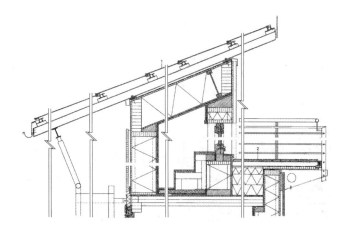

图2‑5　光电屋顶一体化构造

**图2‑6　光电一体化
的"太阳船"**

阳转动,当然,转速非常慢,如同常见的旋转餐厅。这样无论太阳转向何方,太阳能电池板都能最大程度地采集太阳能,充分表达了设计师对太阳能建筑的理解。同时在阳台栏板上也安置了水平真空管太阳能集热装置(图2‑9)。

3)弗莱堡太阳能住宅

弗莱堡某住宅的屋顶上安置了太阳能热水器,倾角为45°,根据服务户数的不同,选择不同的集热面积(表2‑1)。在德国面积20～40 m² 的集热器就属大型规模了,集热板采用的是叠合式构造紧贴在建筑屋顶的瓦面上,远远看上去就像安置在屋顶的天窗。德国为每户住宅安置的集热器板与中国的分体式太阳能系统基本一样,但储水箱安置略有不同。我国多将储水箱安置在室内储藏室内,而德国多安置在地下室,主要提供生活热水。多户共用的太阳能设备为多个集热器串并联布置,辅助木屑颗粒锅炉的生物质能共同满足建筑的用能需求,储热水箱和木屑颗粒锅炉均设置在地下室。

4)现代都市住宅

此别墅坐落在德国的巴登州南部的马克格莱弗勒兰德(Markgräflerland)中部,位于

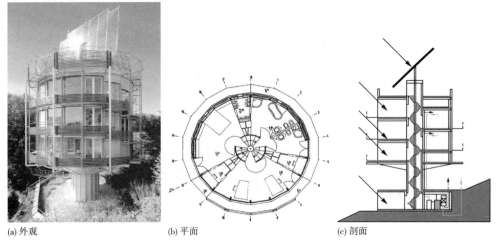

(a) 外观　　　　　　(b) 平面　　　　　　(c) 剖面

图 2-7　旋转住宅

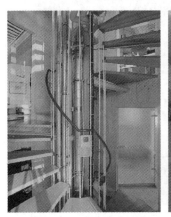 

图 2-8　旋转住宅的轴(螺
　　　　 旋楼梯)和装置

图 2-9　阳台栏板太阳能
　　　　 真空管集热器

弗格森山(Vogesen)和黑森林之间,建筑面积为 197m² ,平面布局为四室两卫一厅,并拥有出挑的大阳台(图 2-10)。虽然建筑不高,却设有电梯。每家都有自己的地下停车库、酒窖和自行车停车位。该别墅最为亮点的是采用了绿色节能技术,建筑的地下室内设有木屑加热系统和太阳能热水系统,以供别墅内的地板采暖和生活热水(图 2-11),非常环保,而且建筑的墙体为 30cm 保温隔热墙体,通过这种健康的燃烧生物质能的取暖和供热水方式,提高了居住品质。

5) 被动式居住建筑

被动式居住建筑是 PARADIGMA 公司的私人住宅,位于德国巴登弗特堡州的(Baden-Württenberg)卡尔斯鲁厄市(Karlsruhe)附近。它运用了多种可再生能源的手段,将其以热或电的形式储存下来,在适当的时候,供给建筑采暖、空调、热水等用能所需。56 m² 真空管太阳能集热板安置于旁边不远处的名字为 Woge 的屋顶上(图 2-12),地下室设有储水箱和木屑颗燃烧粒炉,太阳能集热板与木屑颗粒炉所提供的能量,加上建筑自身墙体的保温隔热,完全不用加设其他能源就能满足这 12 间住宅的所有用能,而且在夏季还会有剩余,系统图见图 2-13。

表 2-1　　　　　　　　　弗莱堡住宅小区太阳能热水利用一览表

项目名称	独栋住宅供热	多户住宅供热	多栋住宅供热
外观			
集热器面积(m²)	 3~6 m²	 15~30 m²	 30~45 m²
系统	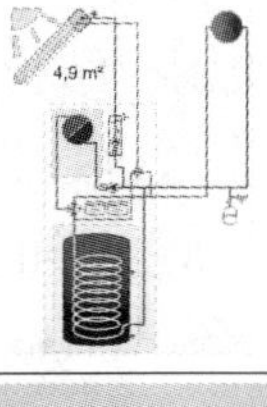	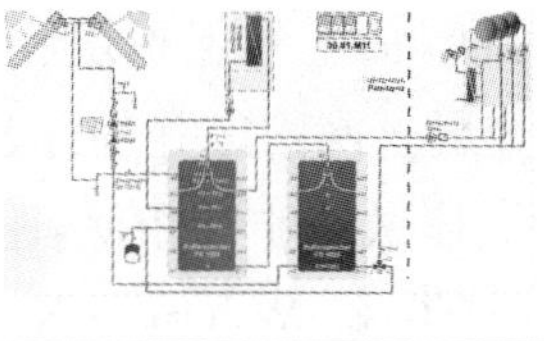	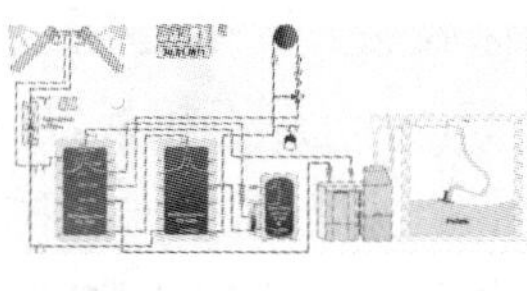
细部			

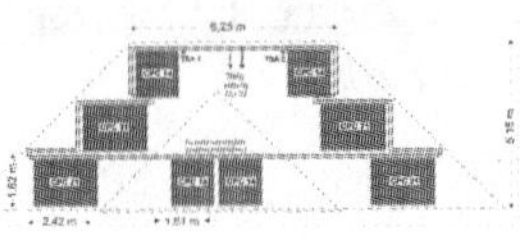

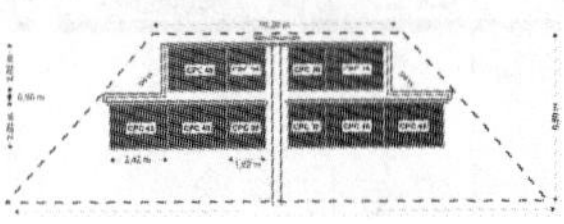

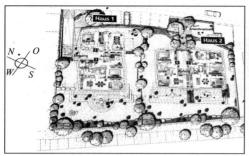

(a) 建筑总平面   (b) 建筑立面

图 2－10　现代都市住宅

(b) 地下储水箱

(a) 木屑颗粒炉   (c) 装木屑口   图 2－11　住宅内太阳能系统设备

3. 围护结构构造

1）外墙

德国太阳能住宅的外墙多采用灰砂砌体墙外加保温的"复合墙体"（图 2－14），具体做法是将保温层安置在结构层的外面，加上外保护层和外表面粉刷。结构层厚 240 mm，保温层为 150 mm 厚石棉板，加上金属丝网固定并进行表面粉刷。这也是德国居住建筑经常采用的节能外墙做法，与我国的墙体做法非常相似，而且模数都是一样的。低能耗建筑的墙体基本要求外墙的传热系数小于 0.25 W/(m² · K)。

2）窗户

德国住宅窗框材料一般为木材或塑料，玻璃多为双层或三层中空玻璃内冲氪气、双层或三层保温玻璃。窗扇开启的方式多样，内开加上悬开启（图 2－15）是现今德国采用最多的窗扇开启方式，其传热系数小于 1.5 W/(m² · K)。

图 2-12 被动式居住建筑外观及木屑颗粒锅炉

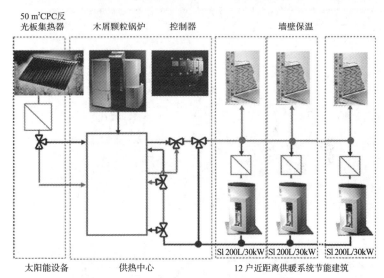

图 2-13 生态建筑用能系统图

3）遮阳系统

（1）活动遮阳

德国住宅建筑的遮阳方式以简便轻巧的活动遮阳为主,紧贴玻璃而做的垂直拉伸式遮阳方式随处可见,另外一种是出挑式活动外遮阳,一种白色防水、防晒布料,固定在出挑的支架上(图 2-16),不用的时候连支架一并收回,非常实用。

（2）固定遮阳

德国住宅因为多为钢结构,固定遮阳除利用坡屋顶出挑遮阳外,多利用出挑的钢结构阳台、走廊及带孔的铝板做水平遮阳,且主要用于南向窗的遮阳;在窗的一侧做垂直固定遮阳的方式也很多,通常还会采用各种颜色丰富立面(图 2-17)。"太阳船"建筑的遮阳出挑长度,是综合考虑冬季采光与夏季遮挡的效果设计的(图 2 - 18)。

图 2 - 14　石灰砂砌块保温墙

图 2 - 15　住宅窗户窗扇开启方式

(a) 垂直拉伸式　　　　　(b) 出挑式　　　　**图 2 - 16　德国住宅建筑活动遮阳**

(a) "太阳船"垂直遮阳　　　　　　　　　　(b) 旋转住宅水平带孔板遮阳

图 2 - 17　固定遮阳

(c) 弗莱堡住宅出挑屋檐和水平遮阳　　　　(d) 被动式住宅南立面外廊遮阳

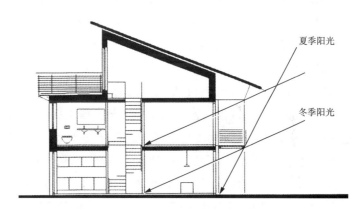

图 2 - 18　"太阳船"固定遮阳长度

2.1.3　借鉴与启示

1. 政府激励政策发挥重要作用

在德国这样的发达国家,住户使用太阳能可以得到一定的补贴。德国政府在生态建筑资助政策措施方面,有以下特点:

(1) 节能环保作为国家基本国策,配以大力度的财政支持,注重市场机制的培育与建立;

(2) 建立较为系统的法律、法规体系,各项工作的责任主体分工明晰;

(3) 部分采取政府直接资助形式,另有很大部分采取专业银行低息贷款形式;

(4) 通过资助政策的实施,促进创造新的就业机会。

2. 太阳能技术发展是主要推动力

德国在太阳能技术应用方面的发展速度比我国要快。就太阳能光热利用而言,德国已经从单纯地提供生活热水,发展成与其他能源系统相集成来为建筑提供各种能量所需。任何能源的利用都不可能以单一的形式存在,如何将太阳能与其他能源结合,以满足建筑的各种能耗是太阳能建筑的发展方向。在我国,大规模推广太阳能技术任重而道远。

3. 太阳能建筑建设应因地制宜,符合本国国情

由于国情的差别,我国面临的问题与德国这样的发达国家不一样。在我国大城市中,高层住宅占多数,这也是我国住宅建筑的主要特色。为了充分利用太阳能,必须解决太阳能集热器与建筑一体化的问题,摸索出一条具有中国特色的、可持续的发展道路。

4. 寻找适合我国的能源集成使用的方法

德国木屑颗粒锅炉比较普遍,但却不一定适用于我国的大多城市。因为与德国相比,我国地少人多,林木资源并不丰富,因此木屑作为燃烧能源对我国来说并不现实,但这种将所有能够采集和利用的能源集成使用的方法值得借鉴。

2.2 国内高层住宅建筑太阳热水系统应用实例分析

我国第一栋被动式太阳房始建于1977年(图2-19),位于甘肃省民勤县,它采用了南窗直接受益结合实体集热蓄热墙技术。随后,由于国际间的合作,我国太阳房得到了进一步的发展,如中德新能源村、联合国开发署((UNDP)支持的甘肃太阳能采暖降温研究基地的建立。在"六五"、"七五"、"八五"期间,国家科技攻关计划中都列入了太阳能建筑的项目。这些科研项目的攻关内容涉及被动式太阳房的各个领域。如今,我国被动式太阳房已进入规模普及阶段,主要表现在以提高室内舒适度为目标,由群体太阳能建筑(图2-20)向太阳能住宅小区、太阳村(图2-21)、太阳城发展。特别是在常规能源相对缺乏、经济相对落后、环境污染比较严重的西部地区发展迅速,有的地区年平均递增率已达15%。全国各地还制订了包括推广太阳能建筑的阳光计划,如投资额达4.28亿元的兰州市"阳光计划",甘肃省临夏市占地9.8 hm²、建筑面积92 000 m² 的太阳能小区,西藏计划投资900万元,资助新建270 000 m² 太阳房等大型工程项目。

目前,全国各地已开展并建成了若干生态实验性建筑,2008年奥运场馆的部分项目也使用了太阳能技术。我国首座全太阳能建筑已在北京落成,占地8 000 m²,是奥运场馆的

图 2-19 甘肃省民勤县被动式太阳房　图 2-20　浙江长岛绿园[23]　图 2-21　北京玻璃台太阳能村[23]

试验性建筑。这座位于大兴芦城乡内的太阳能新村,主体建筑室内的所有能源洗浴、供热、供电等都由太阳能来提供。太阳能新村的建筑南墙、屋顶等位置都安置太阳能集热器。这些集热器在夏季为空调设备提供驱动热源,在冬季为采暖提供保障。此外,建筑内还设置了全国最大的太阳能发电系统,投入运营后可提供 50 kW 的电力,满足日常用电所需。新村住宅院内的路灯、草坪灯也都采用太阳能供电,在阳光充足的情况下,基本不需要外来能源。另外,北京华超低耗能办公楼、北京清华大学环境与科学系教学楼、皇明太阳能示范建筑樱花苑、上海生态办公楼(图 2 - 22)等利用太阳能的生态建筑也都相继建成,表明了我国的新能源利用不仅在基础理论研究、模拟试验、热工参数分析、设计优化等方面得到发展,而且在材料、构件的开发、示范房屋及工程建设中都取得了长足的进步。

2.2.1　实例概况

长期以来,我国太阳能热水器多为住宅建成后,由住户购买安装,这带来一系列问题和矛盾:对建筑外观和住宅使用造成影响和破坏,制约了太阳能热水器在建筑上的应用与推广。因此,在 20 世纪 90 年代后期,我国提出了太阳能热水器建筑一体化结合的发展目标,并在"十五"期间取得了实质性的进展。

(a) 北京华超低能耗办公室

(b) 清华大学环境与科学系教学楼

(c) 上海生态办公楼

(d) 皇明太阳能示范建设

图 2 - 22　太阳能示范楼

国内高层住宅太阳能利用正处在起步阶段,通过对上海、常州、宁波以及昆明等地区高层住宅建筑太阳能热水利用实际工程的调研和探讨。工程概况见表2-2。

表2-2　　　　　　　　高层住宅太阳能热水利用工程情况一览表

项目名称	上海三湘四季花城	常州中意宝第	上海临港新城宜浩佳园	宁波维科水岸心境	昆明世博生态城二期
地理位置	东经 120°51′北纬 30°41′	东经 119°08′北纬 31°09′	东经 120°51′北纬 30°41′	东经 120°55′北纬 30°33′	东经 120°45′北纬 25°02′
年日照总时数	1 417~1 930 h	2 047.5 h	1 417~1 930 h	1 848.1 h	2 250 h
规划设计					
外观					
平面类型	板式	板式	板式	点式	板式
平面户型	一梯两户;三室两卫两厅	一梯两户;三室一卫一厅	一梯两户;三室两卫两厅	一梯三户;三室两卫两厅	一梯两户;三室一卫一厅
太阳能热水器细部					
构造					

2.2.2　建筑群体布局

建筑间距由各地区日照标准的要求决定,例如上海地区要求冬至日满足居室日照时间不少于 1 h,而太阳能集热板要求日照时间不少于 4 h,高层住宅底层竖向墙面较难满足这一要求,随着高度的增加,屋面需要安置太阳能的面积加大,而管道的输配长度也在增加,难以满足所有住户均好利用太阳能的要求。现有的日照时间标准并没有考虑太阳能的接受时长问题。在太阳能系统设计前,要对采用太阳能的建筑界面进行采集辐射量的计算,确保太阳能的最有效的利用。不同楼层建筑外界面接收阳光的不同,使得太阳能集热器安装部位不同,从而建筑利用太阳能的情况也不同。因此,交房标准不一样致使住户难以接受,这也引发了对太阳能利用程度的思考。

2.2.3　太阳能热水系统的选用

上海市建筑标准设计《民用建筑太阳能系统应用图集》(DBJT 08 - 110A - 2008)推荐高层住宅太阳能热水系统采用集中供热水系统、集中-分散供热水系统和分散供热水系统三种类型中的任何一种。表 2 - 3 为上述五个实例选用的太阳能系统。

对于集中供热水系统和集中-分散供热水系统,因集热器均集中设置在屋面,故要求屋面必须具有足够的面积来放置集热器。随着住宅楼层的增加,住户和使用人数相应增加,所需集热器面积也会越来越大,单靠集中供热水系统和集中-分散供热水系统两种类型中的任何一种,都无法满足系统设计对集热器面积的设置要求。如果只在高层部分采用太阳能热水系统,而在低层部分采用电热水器或燃气热水器,又会给开发商带来交房标准不一致的难题,同时也会引起业主的质疑。随着住宅层数的增加,顶部住户可以采用单机入户系统,底部用户采用集中-分散供热水系统。但这种太阳能热水复合系统会造成建筑立面的不协调,需要建筑师和设备工程师协作设计。尤其在设计之初的方案阶段,需要进行太阳能系统的规划设计论证。

对于分散供热水系统,如集热器分散设置在各户南阳台栏板或卧室窗间墙处,因每户集热器面积是一定的,所以集热器的设置不受住宅楼层增加的影响,适用于高层住宅的不同楼层。但在建筑规划中,建筑的前后间距是根据日照标准确定的,所以高层住宅的低层区,可能被前面建筑遮挡而达不到太阳能热水器日照 4 h 要求,需要采取相应的措施补偿损失,如增加集热器的面积、增加真空管的根数、加设反射板提高集热效率等。

表 2-3 高层住宅太阳能热水系统类型选用工程实例

项目名称	上海三湘四季花城	常州中意宝第	上海临港新城宜浩佳园	宁波维科水岸心境	昆明世博生态城二期
层数	14、18	9～28	12	5+1,9+1～18+1	9～12
系统类型	分散供热水系统	分散供热水系统	集中-分散供热水系统	集中供热水系统	集中-分散供热水系统
系统原理图	1 集热器； 2 贮供热水箱； 3 太阳能站； 4 膨胀罐； 5 辅助电加热器	1 集热器； 2 贮供热水箱； 3 介质输入管； 4 介质输出管； 5 冷水管； 6 热水管； 7 辅助电加热器	1 集热器； 2 贮供热水箱； 3 集热循环泵； 4 膨胀罐； 5 自动排气阀； 6 辅助电加热器	1 集热器； 2 贮供热水箱； 3 集热循环泵； 4 供热回水泵； 5 自动排气阀； 6 支管减压阀	1 集热器； 2 贮供热水箱； 3 集热循环泵； 4 膨胀罐； 5 自动排气阀； 6 工质加注箱； 7 辅助电加热器
贮水箱					

2.2.4 存在的问题

经过多年的研究与实践,太阳能技术在建筑中的应用已经日渐成熟。我国地域广阔,各地的日照情况、气候条件、经济水平差异较大,国际上常用的各种太阳能热系统在我国均有使用,这种系统的多样性将在我国长期存在。太阳能技术系统在我国,特别是城市建筑中的应用还处于起步阶段。国外利用太阳能的住宅建筑大多数为独立式或联排式低层住宅,而我国则以多、高层集合式住宅为主,因此发达国家的太阳能利用技术及其设计方法在我国并不完全适用,尤其对于高层住宅的适用性有待探索。

1. 太阳能系统与建筑同步设计的问题

目前太阳能热水器大都未经建筑设计统一设计,位置亦无预留。居民安装时通常只考虑热水器的朝向(图2-23),在建筑屋顶上的安装排列零乱无序,安装荷载、防风、避雷等安全措施也不完善(图2-24)。这种自行安装的情况目前在我国占主流,给城市景观和建筑的安全性带来非常不利的影响。太阳能技术系统的开发研究仍缺乏与建筑结合的意识,无一体化设计,其生产工艺、种类、功能及安装技术,基本上只考虑设备本身的效率问题,很难达到系统的功能性与建筑的美观与协调,从建筑的最初规划到建筑细部构造均缺乏太阳能利用潜力的挖掘和整合设计,致使许多安装的热水器形同虚设,因日照不足而无法使用。

2. 高层住宅外界面的有限性与特殊性

对于高层住宅,随着住宅建筑层数的增高,平摊到每户的建筑外界面面积越来越少。使得能用来放置太阳能设备的表面积越来越少,就现今太阳能热水器的集热效率而言,所需的集热面积还比较大。按规范取值,如上海所在的气候区,100 L的热水量需要集热面积为1.8 m²,按每家3口人计算,需要热水量180～200 L,应配以3.6 m²的集热面积。而随着建筑层数的增加,即便全部屋顶安置热水器,也难以满足全部用户需求,这就需要考虑安置在垂直的南、西或东立面上。当前屋顶都没有预留太阳能热水器的连接口及安装的基础,更不要谈阳台、墙体、遮阳的一体化了。因此,对于大面积开窗的高层住宅立面,如何开发利用有限的建筑外界面,是高层住宅利用太阳能的关键与难点。

高层住宅的外界面不同于低、多层住宅,随着高度的增加,外界面受风力的影响逐渐加大,对太阳能集热器质量提出了较高的要求。如采用真空管热水器时,其真空玻璃管后若要加设反射板,为减少风的阻力,需要进行抗风计算。在屋顶设构架安装太阳能集热器,要验算集热器、支架及基座的强度与变形。特别是大面积的太阳能集热器、大体积水箱等安装在屋面时,还应考虑风荷载作用下,热水设备附加荷载对屋面结构的影响及对整个结构风荷载效应的增加。

3. 太阳能技术系统与建筑的适配性问题

我国现阶段的太阳能技术的发展仍处在初级阶段,主要表现在产品质量水平不一,太阳能设备的规格、尺寸、安装位置均因厂家而异,没有标准化,产品种类也比较单一,急需加速产品更新换代的步伐。我国的太阳能热水器产品绝大多数是紧凑直插式产品,是非承压的一次循环系统,其最大问题是水箱和集热器连在一起放置,不易实现与建筑外观的结合,太阳能热

图2-23　屋顶太阳能设备安装

图2-24　太阳能设备安装线路零乱

水器产品不符合建筑功能和建筑设计要求。尽管我国的真空管型太阳能热水器的市场份额不断增加,2005年已达到90%以上,与国外的平板热水器从产品性能和技术指标上各具优势,但国外平板太阳能集热器是目前最适合于承压系统和二次循环系统的太阳能集热器,同时具有易与建筑结合,便于安装、运行和维护,寿命长等优势。我国平板太阳能热水器性能差,生产技术有待进一步改进和提高。

我国太阳能热水器产品类型主要为真空管热水器,今后可以加强这种集热器的改良设计,让集热器的种类、颜色、式样、性能、尺寸和拆分性能等方面向多样化、产业化方向发展,让有限的高层住宅建筑外界面得以充分的利用。开发适于高层住宅的太阳能热水系统的技术方案,归纳太阳能同建筑结合应用过程中的标准设计方法与构造,逐步发展出太阳能系统同传统设备系统相类似的标准接口系统,以便设计师在设计时有更多的选择余地,提高太阳能系统与建筑的结合度,降低太阳能应用的系统设计门槛,从设计技术的角度解决一体化的应用问题。

4. 施工与维修问题

现今太阳能热水器的设计、施工与安装,大多由厂家或工程公司来完成,而大多数厂家主要关注的是产品性能(如出水温度的确定、蓄热容积、冷热水压力平衡、接口技术、结构安全等)和价格,在具体实践中,没有统一规划设计、施工、安装流程,只是在建筑投入使用后安装在既有构造上,因此造成建筑屋面、墙体构件和保温、防水构造不同程度的损害。由于不是统一设计与安装,各住户间的热水器排列不合理,造成遮挡和管线较长,既占空间,安装成本也比较高,建筑安全性也受到影响。

我国热水器的寿命一般为10~20年,在使用过程中,产品的更新换代是不可避免的,使用期间也需要定期维护,遇到人为损坏或质量问题需要及时维修,尤其对于悬挂式的集热器,一旦损坏可能造成伤人事件。由于通常没有预留屋顶上人检修通道和相关构造措施,后期通常在户内维护,既干扰住户又不便管理。所以在设计中,要充分考虑拆分和维护功能,要能像家用空调设备一样,既能提供功能上的需求,又能保持建筑的整体性和美观性不被破坏。

总之,高层住宅利用太阳能,需要从规划布局、建筑单体设计、建筑细部到施工及验收等建筑全过程,对太阳能系统进行整体性和系统性设计,方可有效地解决上述存在的问题,推进太阳能系统在高层住宅上的推广与应用。

2.3 上海住宅建筑太阳能利用

2.3.1 上海地区太阳能资源

上海地处中亚热带北缘与北亚热带南缘的过渡地带,东经120°51′—120°45′,北纬30°41′—31°51′。在全国太阳能年总辐射量分区中,上海市太阳能资源属我国太阳能资源区划的Ⅲ区,太阳光辐射通量平均为468.7 kJ/cm²,水平面上年均太阳辐射4 500~

4 700 MJ/m²。全市太阳辐射的年内变化较大(图 2 - 25),夏季、春季最多,秋季次之,冬季最少。夏季为 430.8~489.7 MJ/m²,占年总量的 30%;春季为 326.3~518.0 MJ/m²,占年总量的 28%;秋季为 265.2~457.4 MJ/m²,占年总量的 24%;冬季为 224.9~326.3 MJ/m²,占年总量的 18%。近五年全市日照总时数在 1 417~1 930 h 之间,每日平均 5.7~6.7 h,年平均日照百分率为37.4%~44.1%[11],是可利用太阳能资源、发展被动式太阳能建筑的地区之一。

1. 上海与我国西部、北部地区太阳能资源比较

太阳能资源的分布主要受地理与气候等条件的影响,在我国西部和北部地区是太阳能辐射总量的高值区。一个地区太阳能资源是否充足,取决于该地区的太阳日照时数以及日照百分率。其中,日照时数是指太阳光辐射到地面的时间,以小时为单位。日照时数分为可照时数和实照时数两种。可照时数相当于日出至日落的时间,其时间长短随城市所在的纬度和季节而变化。实照时数是指太阳直射光直达地面的时间,需在可照时数中扣除云雾遮挡的时间。日照时数的长短受所在地区纬度、季节、地形、天空气象状况等因素影响,实际观测的日照时数一般比可照时数少。日照百分率是指太阳实照时数与可照时数两者的百分比,它表达了天气的晴阴状况。图 2 - 26 和图 2 - 27 分别为上海市与北方六城市冬季与夏季的日照时数和日照百分率,显示了上海与北方地区太阳能资源丰富程度的比较。从图中可以看出,上海地区的太阳能辐射资源虽然在冬季明显低于我国北部和西部地区,但在夏季与我国北部及西部地区基本持平。

2. 上海与国外典型城市太阳能资源的比较

对比欧洲和北美的一些典型城市在冬季的平均日照时数和日照百分率(图 2 - 28),可以发现,冬季上海地区的太阳能资源明显超过欧洲城市,并与北美洲城市基本持平①。北美洲以及我国夏热冬冷地区的平均日照时数分别都在 115 h 和 130 h 左右;而在被动式太阳能的应

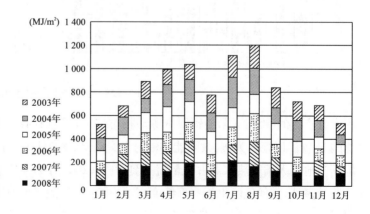

图 2 - 25　上海太阳月总辐射[11]

---

① 相关数据依据全球气候标准值数据库 202.106.103.210/21-quanqiuqihou2008.htm 进行整理。

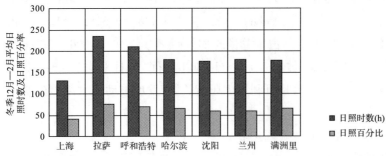

图 2-26 上海与北方城市冬季日照时数及百分率对比

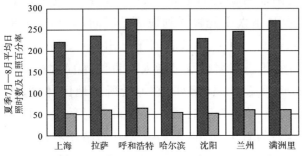

图 2-27 上海与北方城市夏季日照时数及百分率对比

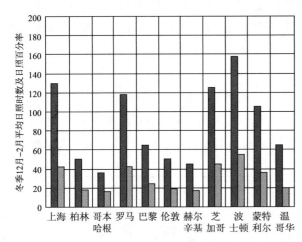

图 2-28 上海与国外典型城市冬季日照时数与日照百分率对比

用十分广泛的欧洲,太阳能辐射资源却相对贫乏,只占到我国夏热冬冷地区平均太阳辐射资源的 50%。以德国为例,太阳能年辐射量只有 3 600 MJ/m²,相当于我国太阳能资源贫乏区,但是当地仅太阳能热水器占有量就达到 31%(2001 年),走在世界的前列。欧洲除南欧冬季日照较多外,其他地区由于地理纬度高,冬季夜长昼短,加上阴雨天相当多,冬季每天平均日照时间非常少。如伦敦 1 月份的日照总时数只有43.4 h,总辐射量为70.1 MJ/m²,哥本哈根 1 月份的日照时数为37.2 h,总辐射量仅为 40.2 MJ/m²。显然,与许多发达国家(尤其是欧洲国家)相比,上海地区对太阳能的开发利用有着巨大的潜力。

2.3.2 居民太阳能热水系统应用调查

随着人们生活水平的日益提升,居民对热水的使用要求也越来越高,热水的功能已渗透到生活的方方面面。住宅热水使用实态调查的内容主要包括住宅概况、热水使用情况、辅助能源使用情况、太阳能热水器安装情况以及住户对太阳能热水器的使用态度等五部分内容,共发问卷 150 份,收回 116 份有效问卷,涉及 98 个住宅小区,分布在上海市各个区,各区所占比例见图 2-29。

1. 居民对生活热水的需求

1) 热水方式

住户的供水方式中大都是单户供水,仅有 1% 用户采用集中供热水的方式(图 2-30);且以燃煤气热水器为主,所占比例为 77%,电热水器和太阳能热水器则分别占 12% 和 10%。使用热水方式基本是单户使用,这与上海目前多为自购房不无关系,此种方式某种程度上减少了因用水量不同带来的住户不便和纠纷。

2) 热水的用途

居民用热水洗澡、厨房洗涤和卫生间洗涤(漱),调查采用了多选的形式,其中用于洗澡占 40.74%,厨房洗涤占 35.39%,卫生间洗涤(漱)占 17.29%(图 2-31),可见热水使用范围越来越广。

3) 洗澡次数

上海居民以三口之家为主,比例为 59.46%,两代人(4~5 人)之家占 22.52%(图 2-32)。无论在冬季还是夏季,每日洗澡的人占主流,夏季为 42.66%,冬季为 23.85%(图 2-33)。

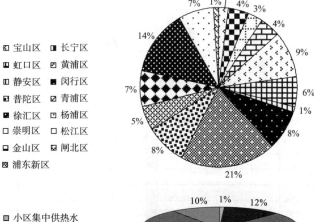

宝山区	长宁区
虹口区	黄浦区
静安区	闵行区
普陀区	青浦区
徐汇区	杨浦区
崇明区	松江区
金山区	闸北区
浦东新区	

图 2-29 上海市小区分布调查图

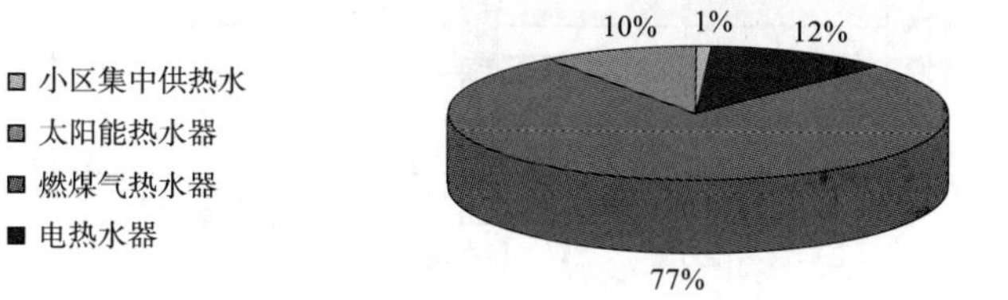

- 小区集中供热水
- 太阳能热水器
- 燃煤气热水器
- 电热水器

图 2-30 住户目前使用的供水方式

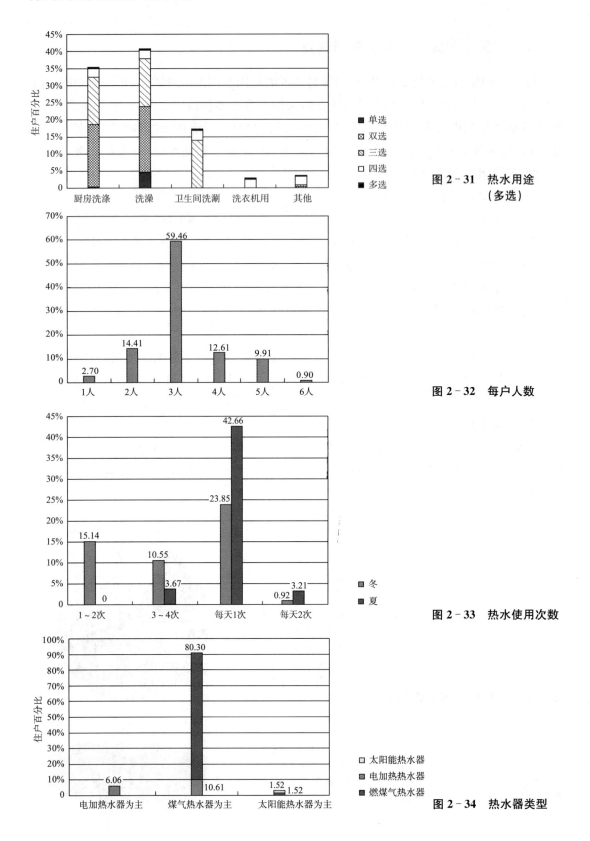

图 2-31 热水用途（多选）

图 2-32 每户人数

图 2-33 热水使用次数

图 2-34 热水器类型

4）热水器的类型

上海居民目前主要使用煤气热水器、电热水器和太阳能热水器三种类型（图 2-34）。以煤气热水器为主，占总数 90.91％，其中有 10.61％的住户还选用了电加热热水器作为辅助；其次是 6.06％的住户仅选用了电加热水器，使用太阳能热水器的住户占 3.04％。可见太阳能热水器利用目前还比较少。

5）热水使用时间

根据热水使用时间的统计，27.27％的住户选用了全天使用，有 50％的住户在自家使用之前才开启热水器，21.21％的住户在晚间使用（图 2-35）。

2. 对太阳能利用的意愿与原因

住户愿意选择太阳能热水器的原因，主要认为太阳能节能和环保，使用安全也省钱，说明人们对太阳能利用已有良好的愿景（图 2-36）。不愿意选择太阳能热水器的原因，主要原因是认为热水温度不稳定，其次是认为操作不够方便、冬季不能使用和热水器价格偏高（图 2-37），说明住户对目前太阳能热水器产品性能还不够满意。我国太阳能热水器生产厂家较多，产品性能不一，还有待进一步提高太阳能热水器产品的整体水平。

3. 集热器安装位置

通常小区集中布置太阳能热水系统时，会采纳阳台式布置，但这类工程较少，大多为顶层住户在自家屋顶安装。当前安装太阳能系统的工程主要由太阳能厂家自行设计，大都没有与规划建筑设计同步，致使太阳能设备的安装有损于建筑的形象。

4. 使用太阳能热水器满意度

使用太阳能热水器的住户，对其使用效果集中不太满意的占 51.43％，比较满意的占 28.57％（图 2-38）。不满意的原因主要是觉得热水量不够，占 31.43％；其次是水温不够高，占 37.14％（图 2-39）。而对热水器比较满意的原因是方便洗澡和厨房洗涤，分别为 32.56％和 41.86％（图 2-40）。调查说明，在上海由于天气和光照原因，只选用太阳能热水器来满足生活用水是不够的，太阳能热水器的使用必须做好辅助能源的选用。

5. 辅助能源情况

对于使用太阳能的用户，主要采用的辅助加热系统是电加热系统，占 76.92％；煤气热水器辅助加热占 15.38％，电热水器占 7.69％（图 2-41）。也就是说住户除了使用太阳能热水器之外，还安装了煤气热水器和电热水器，来补充太阳能热水器在阴雨天时供水不足的问题。

图 2-35　家用热水时间

□ 晚上到凌晨
■ 自家用前加热
■ 24小时
■ 其他

27.27%
1.52%
50.00%
21.21%

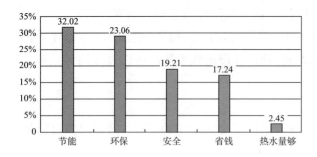

图 2-36　选择太阳能热水器的原因

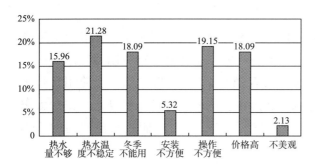

图 2-37　不选择太阳能热水器的原因

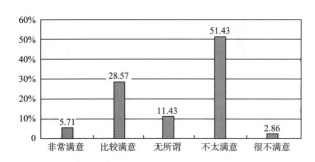

图 2-38　太阳能热水器使用的满意度

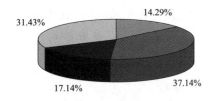

图 2-39　不满意的原因

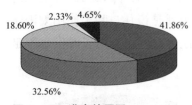

图 2-40　满意的原因

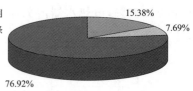

图 2-41　辅助能源设备

2.3.3　低、多层住宅太阳能热水利用现状

1. 碧海金沙嘉苑小区

该项目位于上海市奉贤区,总占地 40.4 hm²,总建筑面积约 313 000m²。建筑为双拼、联排住宅形式,每户统一安装真空管太阳能热水系统,采用太阳能集热器叠合式构造做法(图 2-42),300 L 储水箱安置在室内橱柜内。另外,住宅结构为钢结构体系,外墙采用粉煤灰砌块外贴聚苯板保温层的构造体系,屋面为 XPS 聚苯板保温,外窗采用三腔断热铝合金中空双层玻璃窗,构成较为完整的外围护部分的保温体系。小区还采用太阳能庭院灯、太阳能草坪灯,大面积配备了无源温感中央新风系统、太阳能驱动非电空调系统,以及生活垃圾生化处理技术、管道直饮水技术、雨水收集利用技术、小区智能化信息管理系统等 11 项生态节能技术,荣获了"上海一级生态小区"称号。

2. 漕河景苑

漕河景苑小区位于上海市徐汇区漕河泾街道,北邻康健路,南依漕河泾港。小区占地面积 45 037 m²,总建筑面积 130 000 m²,容积率 2.50,绿化率 41.50%,建筑密度 29%。以别墅、公寓为主的河滨住宅社区,总住户 939 户,其中包括 4 幢小高层、3 幢高层、1 幢联排别墅、3 栋叠加式住宅和 1 幢酒店式公寓。仅连排别墅(9 户)安装了太阳能热水器,太阳能热水器的类型为平板集热器,选用澳大利亚的苏拉哈托品牌产品。

(a) 碧海金沙小区　　　　　　　　　　　　　　(b) 室内壁柜内的储水箱

(c) 太阳能集热器支架　　　　　　　　　　　　(d) 叠合式构造方式

图 2-42　碧海金沙嘉苑小区太阳能利用

图 2 - 43　漕河景苑小区鸟瞰图

1）规划

小区采用了"南低北高"的行列式布局方式（图 2-43），这种方式既提高了小区的容积率，也有利于屋顶对太阳能的利用。由于在设计之初，总体布局中对太阳能利用的考虑不周，致使西端的住户被西面两栋点式高层的高层遮挡（图 2-44），使部分住户的太阳能利用大打折扣。城市道路交汇通常都会设计较高的建筑以示标志，但这些较高的建筑如果布置在小区西南端或东南部，对太阳能的利用确是很大的阻碍。

2）建筑单体

该工程采用整体式太阳能热水器，置于屋顶（图 2-45）。由于太阳能系统是在建筑设

图 2 - 44　西侧高层对联排别墅的遮挡情况.

图 2 - 45　集热器布置情况

计之初综合考虑的,因此与建筑主体匹配较好,在南向基本看不到系统装置。但也存在不足之处,如在东、西、北向可看到高于檐口的水箱,如果在设计时采取集热器适当南移或增加女儿墙高度等措施,可起到隐蔽作用,在外观上看不到太阳能装置。其安装形式为常用的三角支架型。由于系统设计与建筑施工基本同步,因此建筑考虑了与之配套的管道井,无论从俯视还是从外立面看均看不到外部管道。

　　3) 给排水

　　该工程太阳能热水系统采用按户分散集热、分户贮水的分散供热水系统。平板型太阳能集热器集中安装在各户屋面,每户2块,其中有2户分别增设3块,均为正南偏东安装。采用贮热水箱与集热器整体式设置。按实际使用情况,存在初始太阳能集热器集热量与贮热设备容量不足的问题。入住的7户中,已有2户自行加装了太阳能集热器和立式贮热水箱。

　　另外,近年上海市郊区太阳能热水器安装较为普遍(图2-46),市区一些新建的多层和高层住户,尤其是顶层住户,条件许可的情况下,也会选择太阳能热水器。但由于缺乏统一设计与安装,太阳能热水器是在建筑建成后由厂家或自行安装,致使管线外露,集热器的安装对建筑外观和使用功能都产生了一定的影响和破坏。

2.3.4　高层住宅太阳能热水系统的应用

　　1. 三湘四季花城高层住宅

　　三湘四季花城三期紫薇苑地处上海松江新城,北靠半月湖,东依景观河。该项目包括

图2-46　住户各自在屋顶安装太阳能热水器的情况

9栋14层住宅楼,总户数865户,住宅地上面积为80 687 m²。由于大规模的整体性应用太阳能一体化技术,对三湘四季花城居住功能是一次重大提升。14层的高层住宅采用承压分体式太阳能系统制式,集热器与阳台结合。据保守估算,每年每户可至少节约电能约1 389 kW·h,减排二氧化碳约315.07 kg。

1) 设计参数

(1) 气象参数

年太阳辐照量:水平面4 657.516 MJ/m²,30°倾角表面5 544.371 MJ/m²;

年平均日太阳辐照量:水平面12.760 MJ/m²,31°17′的倾角表面15.191 MJ/m²;

年日照时数:1 997.5 h;

年平均日照时数:5.5 h;

年平均温度:16.0 ℃。

(2) 热水设计参数

日最高用水定额:100升/(人·天);

日平均用水定额:取日最高用水定额的60%,60升/(人·天);

设计热水温度:45 ℃;

设计冷水温度:8 ℃(2月),12 ℃(8月)。

(3) 常规能源费用

水费1.66元/米³(含排水费);电费0.61元/千瓦时;天然气2.10元/米³;煤气1.45元/米³。

(4)太阳集热器性能参数

集热器类型:分体式太阳能热水器;

集热器规格:长2 800 mm×宽1 100 mm;

太阳能部分在家庭供热中所占比例:56%;

系统效率:44.9%。

2) 太阳能热水系统设计

住宅为14层,每户设有2个卫生间。太阳能热水系统为单水箱间接供水系统,该水箱既作为贮热水箱又作为供水箱,全日供应热水;太阳集热器通过预埋件嵌入式安装在阳台上,作为阳台栏板(图2-47);水箱等设备安装在各户卫生间内;电加热器作为辅助热源。

图 2-47 上海三湘四季花城高层住宅阳台壁挂式集热器

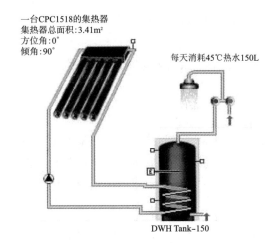

一台CPC1518的集热器
集热器总面积:3.41m²
方位角:0°
倾角:90°

每天消耗45℃热水150L

DWH Tank-150

图 2‑48　分体式太阳能集热器工作原理示意图

热水系统采用单机入户式家用热水系统,工作原理见图 2‑48。其中,集热器、换热器和循环管路中的泵构成温差循环管路,温差循环功能通过控制器的温差设定完成,当集热器与储水箱的温差大于循环泵的启动温度时,循环泵开始工作,使管路中的传热介质流动,然后再通过换热器将热量传递给水箱内的水。当集热器与储水箱的温差小于循环泵的停止温度时,循环泵停止工作,如此反复。

热水系统负荷计算如下:

（1）用水人数

住宅每户用水人数按 3 人计算。

（2）系统日耗热量、热水量计算

①系统日耗热量计算

计算公式

$$Q_d = \frac{m q_r C(t_r - t_1)\rho_r}{86\,400}$$

式中　Q_d——日耗热量（W）;

m——用水计算单位数;

q_r——热水用水定额（升/人·天）;

C——水的比热容,C＝4 187J/(kg·℃);

t_r——热水温度;

t_1——冷水温度;

ρ_r——热水密度（kg/L）。

取 $q_r = 100$ 升/（人·天）;$\rho_r = 1\,kg/L$;$t_r = 60\,℃$;$t_1 = 15℃$;$m = 3$ 人

则　　　　　　　　　　　　$Q_d = 654.2\,W$

②系统平均日用热水量计算

计算公式

$$Q_W = q_{ar} m$$

51

取 $q_{ar} = 60$ 升/(人·天);$m = 3$ 人

则 $\qquad\qquad\qquad\qquad\qquad\qquad Q_W = 180$ 升/天

（3）集热器面积确定

$$A_{IN} = A_C \times \left(1 + \frac{F_R U_L \times A_C}{U_{hx} \times A_{hx}}\right) = 3.24 \text{ m}^2$$

式中　A_{IN}——间接系统集热器总面积(m^2)；

$\qquad F_R U_L$——集热器总热损系数($\text{W}/(\text{m}^2 \cdot \text{℃})$)；

$\qquad\qquad$ 平板型集热器，$F_R U_L$ 宜取 $4\sim6$ $\text{W}/(\text{m}^2 \cdot \text{℃})$；

$\qquad\qquad$ 真空管集热器，$F_R U_L$ 宜取 $1\sim2$ $\text{W}/(\text{m}^2 \cdot \text{℃})$；

$\qquad\qquad$ 具体数值应根据集热器产品的实际测试结果而定；

$\qquad U_{hx}$——换热器传热系数($\text{W}/(\text{m}^2 \cdot \text{℃})$)；

$\qquad A_{hx}$——换热器换热面积（m^2）。

（4）系统组成

表 2-2　　　　　　　　　　　　　　　　系统组成

集热循环	
制造商	Ritter Solar GmbH
型号	CPC 18 OEM
数量	1.00
集热器轮廓面积	3.41 m^2
有效集热面积	3.0 m^2
倾角	85°
方位角	0°
双循环(带盘管)家用热水水箱	
制造商	Ritter Solar GmbH
型号	DHW Tank - 150
容积	150 L

（5）系统功能

● 温差循环：由系统自动识别执行，确保系统及时收集能量，传输热量；

● 温度显示：能够显示水箱中的热水温度；

● 辅助电热：实现光与电互补，全天候供热水；

● 压力限定：通过部件的压力、温度感应自动执行，确保蓄热系统能够在安全压力、温度条件下工作；

● 防冻功能：该功能由系统原配循环传热介质及系统的防冻循环实现，确保系统在极限温度下的安全。

（6）系统特点

- 解决高层建筑物太阳能热水器的需求；
- 储水箱采用 150 L 瓷内胆，承压运行，自动补水，出水压力稳定；
- 特制太阳液超低温运行，不冻管，不结垢，单支管破碎不影响使用；
- 光与电互补，全天候热水，水温显示；
- 传热循环系统自动控制，控制部件与储水箱集成为一体，无需调节。

3）系统节能效益分析

该工程将太阳能热水系统与以电为能源的系统相比较，进行经济效益分析。

（1）基础参数

太阳能热水系统增投资：6 000 元/台；

电价：0.61 元/千瓦时。

（2）太阳能热水系统的年节能量

计算公式

$$\Delta Q_{\text{save}} = A_{\text{IN}} J_{\text{T}} (1 - \eta_{\text{c}}) \eta_{\text{cd}}$$

式中　ΔQ_{save}——太阳能热水系统节能量（MJ）；

　　　A_{IN}——直接系统太阳能集热器面积；

　　　J_{T}——太阳能集热器采光面上年总太阳辐射量（MJ/m²）；

　　　η_{c}——太阳能集热器年平均集热效率；

　　　η_{cd}——管路和水箱热损失率。

取 $J_{\text{T}} = 4\ 657.52\ \text{MJ}$；$A_{\text{IN}} = 115.2\ \text{m}^2$；$\eta_{\text{c}} = 20\%$；$\eta_{\text{cd}} = 42\%$

则　　　$\Delta Q_{\text{save}} = 115.2\ \text{m}^2 \times 4\ 657.52\ \text{MJ} \times (1-20)\% \times 42\% = 180\ 279.56\ \text{MJ}$

（3）寿命期内太阳能热水系统的总节省费用

折现系数计算公式

$$PI = \frac{1}{d-e}\Big[1 - \Big(\frac{1+e}{1+d}\Big)^n\Big] \quad (d \neq e)$$

式中　d——年市场折现率；

　　　e——年燃料价格上涨率；

　　　n——经济分析年限，此处为系统寿命期从系统开始运行算起，集热系统寿命一般为 10~15 年；

取 $d = 6.12\%$；$e = 1\%$；$n = 15$ 年

则　　　　$PI = \dfrac{1}{6.12\% - 1\%} \times \Big[1 - \Big(\dfrac{1+1\%}{1+6.12\%}\Big)\Big]^{15} = 10.229$

寿命期内总节省费用计算公式

$$SAV = PI(\Delta Q_{save}C_c - A_d D_J) - A_d$$

式中　SAV——系统寿命期内总节省费用(元);

　　　PI——折现系数;

　　　C_c——当年的常规能源热价;

　　　A_d——太阳能热水系统总增投资;

　　　D_J——每年用于与太阳能热水系统有关的维修费用占增投资百分比。

取 $C_c = 0.161$ 元 /MJ; $A_d = 216\,000$ 元; $D_J = 1\%$

则　$SAV = 10.229 \times (180\,279.56\,\text{MJ} \times 0.161$ 元 /MJ $- 216\,000 \times 1\%) = 58\,802.18$ 元

(4) 回收年限

系统回收年限为系统节省的总费用等于系统增加的投资所需的时间。计算该系统的实际折现系数为:

$$PI = \frac{A_d}{\Delta Q_{save}C_c - A_d DJ} = 8.04$$

代入回收年限计算公式

$$N_e = \frac{\ln[1 - PI(d - e)]}{\ln\left(\dfrac{1 + e}{1 + d}\right)} = 10.75 \text{ 年}$$

(5) 太阳能热水系统二氧化碳的减排量

计算公式

$$Q_{CO_2} = \frac{\Delta Q_{save} \times n}{W \times \eta_{Eff}} \times F_{CO_2} \times \frac{44}{22}$$

式中　Q_{CO_2}——系统寿命期内二氧化碳减排量(kg);

　　　W——标准煤热值(MJ/kg);

　　　n——系统寿命(年);

　　　η_{Eff}——常规能源水加热装置的效率;

　　　F_{CO_2}——碳排放因子;

取 $W = 29.308$ MJ/kg; $n = 15$ 年; $\eta_{Eff} = 95\%$; $F_{CO_2} = 0.866$ 千克碳 / 千克标准煤

则　　　　　　　　　　　　$Q_{CO_2} = 168.22$ t

(6) 太阳能系统效率测算

由太阳能加热系统模拟软件 T∗SOL Pro 4.3 计算,该软件来源于一种间隔 6 分钟记录一次数据的数学模型。由于气候、能量消耗和其他因素的影响,实际收益可能与下面模拟结果有所偏离,示意的模拟图表(表 2-3)并不能代替太阳能系统的全面参数图表。图2-49所示为集热器每日最高温度变化示意图。太阳能占总消耗量的比例如图 2-50 所示,其中消耗太阳能 1 942 kW·h;总消耗量 2 631 kW·h,太阳能在家庭总能耗中所占比例为 73.8%。

4) 集热器安装及建筑节点图

（1）集热器的安装

集热器安装在阳台处，倾角角度为 10°，集热器固定在阳台板的中间位置。

具体安装步骤如下：

①根据集热器的型号确定挂件的中心距（图 2 - 51）；

②确定挂件的位置。测量阳台的宽度和高度，根据挂件的尺寸和中心距，确定挂件垂直方向的位置。挂件顶端至阳台顶端的最小距离为 220 mm（如果阳台尺寸较小，也可以适当调整），测量确定其水平方向位置，用水平仪或卷尺测量，确保水平；

表 2 - 3 模拟计算结果

集热器表面区域辐射量	年辐射量（MW · h）	单位面积辐射量（kW · h/m²）
	2.63	876.85
通过集热器得到的能量	1.43	477.98
通过集热循环得到的能量	1.18	393.49
家庭热水供应能量	2.23	—
太阳能对家庭热水贡献的能量	2.11	—
辅助加热提供的能量	1.18	—

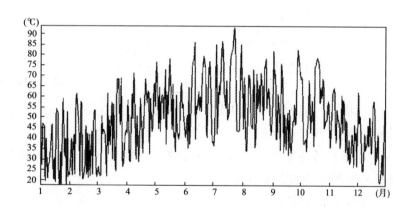

图 2 - 49 集热器每日最高温度变化示意图

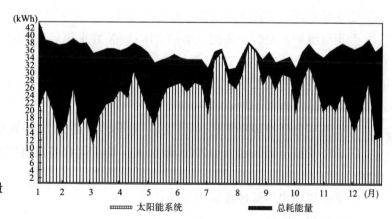

图 2 - 50 太阳能占总消耗量比例示意图

图 2‑51　确定预埋角钢挂件的中心距

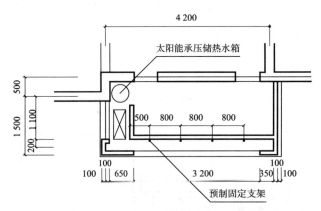

图 2‑52　水箱位置图

③固定。用 M8×80 的膨胀螺栓固定,需要直径 12 mm 的孔。在挂件上预留 6 个孔,挂件的左右各有 3 个孔;

④垂直吊装集热器。将集热器的下边框挂在安装好的挂件挂钩上,用 M8×16 或 M8×20 的螺栓固定集热器。

(2)水箱的安装

①选择地面结实而平坦的阳台(图 2‑52);

②预留维护和安装需要的足够的空间;安装好水箱后,在墙壁上确定出循环管路铺设的路线及循环泵的安装位置,并做标记。

管路铺设应遵循以下原则:

①两管路间距不小于 50 mm,距墙面 50 mm;

②管路尽量保持横平竖直,尽量短;一般热水管路在上,冷水管路在下;

③循环管路全部采用铜管连接,根据实际要求测量各段管路尺寸,依据尺寸截好铜管长度;

④管路用内锡焊管件或铜焊焊接;

⑤集热器串联接口采用 U 形管连接;

⑥水箱的循环入口、循环出口、循环泵的进出口都采用活接形式。

（3）管路连接

根据集热器的位置和室内管路的布置,确定钻孔的位置,然后在墙上钻长条孔。如果已经预留穿墙孔,应加 $\phi100\ mm$ 的钢套管。

（4）循环泵安装

循环泵应安装在便于维修和更换的位置,循环泵安装时电机轴必须水平。

5）集热器与阳台结合节点构造

集热器与阳台结合节点构造图如图 2-53,图 2-54 所示。

2. 宜浩佳园小高层住宅

1）规划与建筑

临港新城位于上海市浦东新区,是整个滨江沿海城镇发展轴的节点和重心区域。宜浩佳园是由多层（4 层）、小高层（12 层,占 20%）、配套公建和商业配套建筑构成的居住区。该地块总用地面积约 39.54 hm^2,总建筑面积约 340 700 m^2,地下总建筑面积约 58 000 m^2,建筑密度为 23.3%,容积率为 0.98,绿化率为 36.8%。

小区采用行列式布局,间距较大。集热器均置于屋顶,由于太阳能系统在建筑设计之后设置,因此外观感觉与建筑主体无论形式还是色彩搭配均不够协调（图 2-55）。

2）构造

集热器安装支架由槽钢与角钢搭接而成,倾斜角度为 30°。顶部和底部的水平构件与纵向构件搭接时,采用挂扣式,以增强其稳定性;在两个方向构件交接处,除了焊接锚固外,再增加角钢进行焊接,进一步增强稳定性（图 2-56）。但支架与标准图比较,节点处无纵横水平槽钢。

由于太阳能系统设计在建筑设计之后,即建筑设计没有考虑与太阳能系统配套的管道井,从而形成了管道裸露在外墙面及北阳台的状况,厂家在直径 20 mm 的管道外包 30 mm 厚

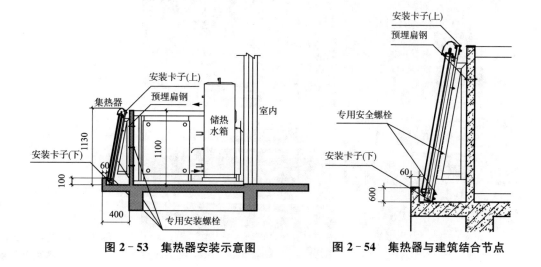

图 2-53　集热器安装示意图　　　　图 2-54　集热器与建筑结合节点

保温材料,并用 0.4 mm 厚铝板进行保护。

3) 给排水

(1) 系统概况

该工程住户共计 5 575 户,其中 2 080 户采用真空管太阳能集热器,3 495 户采用平板型太阳能集热器。

(2) 系统设计选型

该工程太阳能热水系统是按单元集中集热、分户贮水、分户计量的集中-分散供热水系统。采用 U 形管式真空管太阳能集热器,安装倾角为 30°,运行方式为间接式传热系统强制循环,全自动运行,温差控制。

(3) 设备及管道设置

设备布置方面:屋面集热系统主要设备包括集热器组块、集热循环水泵、膨胀罐、控制柜等。集热组块按单体建筑每个单元集中布置。

管道设置方面:集热系统循环管道均设计为同程式。小高层住宅从 12 层的屋面至 1 层的集热系统循环立管(共 3 根 DN32~20 热镀锌钢管)分别沿北阳台设置(图 2-57)。

管材方面:集热系统循环管道采用热镀锌钢管,生活给水、热水支管采用 PP-R 塑料管。

图 2-55 宜浩佳园小区

图 2-56 支架式太阳能集热器布置

保温方面：集热系统循环管道保温材料采用橡塑管，保温厚度 30 mm，外包 0.4 mm 厚铝板保护层。贮热水箱保温材料采用聚氨酯发泡材料，保温厚度 38 mm。

4）辅助能源

（1）辅助热源形式及设置

分户贮热水箱内置加热，采用 2 千瓦/户电加热器。

（2）辅助热源安装位置

小户型 100 升/户，壁挂安装在厨房；大户型 120 升/户，落地安装在北阳台。

（3）运行与使用存在的不足

由于太阳能系统的造价已计入建筑造价中，集热系统划分较小。如何避免某些用户独享太阳能资源，将公共的集热系统热水消耗完，做到共同出资共同享用，这个问题需要解决。

图 2－57　小高层住宅北阳台集热循环立管设置

各住户为间接加热系统，因分户系统缺少防止反加热集热系统的措施，一定会出现某些用户的电加热系统为同一集热系统的"邻居"买单的现象。

2.3.5　太阳能光电系统利用实例

上海电力学院赵春江教授自己设计并安装的"家庭发电厂"，在位于上海西区的莘庄某住宅小区一栋 16 层楼房的屋顶上安置 22 块硅晶板组成的光伏电池板阵(图2－58)，家里的电视机、冰箱、洗衣机等家用电器的用电完全依靠这些光电板产生的"绿电"。发电会随季节的变化而起伏，艳阳高照的 8 月为 352 kW·h 的总发电量；而在 1 月，光电板的产出只有 8 月的一半——约174.8 kW·h。同样，一天之中，"家庭电厂"的工作效率也有所不同，阳光充沛的白天，多余"绿电"通过电缆输送给城市电网供他人使用；夜晚，当"电厂"停止工作时，赵家再从大电网中汲取少量电能，以维持生活所需。据初步估算，这座 22 m^2 的"太阳能发电厂"一年可发电超过3 000 kW·h，基本满足一家的用电需求。3 000 kW·h"绿电"意味着一户家庭一年少消耗 1.14吨标准煤，减少二氧化碳排放 3.6 吨。除去这些能源与环境因素，对于使用者而言，它的直接好处是用电自主——即便在烈日炎炎的夏季用电高峰，也不必担心突然断电。

2.4　相关法律法规、产业政策与标准规范

2.4.1　激励政策的类型

世界各国对太阳能利用行业的激励政策可分为立法、财政激励政策和间接市场政策三大类。

图 2－58　住宅屋顶光伏电池板阵

1. 立法

目前,实施的促进太阳能利用发展的法令主要有太阳能系统强制安装法令、建筑能效法令及可再生能源强制市场份额法令三大类。立法对政府来说成本低,同时,通过立法消除建筑规章制度中严重妨碍太阳能利用市场的制度条款,对太阳能的推广与应用起到非常重要的作用。对于太阳能的热利用系统,大多数国家采用强制安装法令,要求所有新建建筑必须强制安装太阳能热水系统,政府不提供任何财政支持。实施建筑能效法令的国家也很多,包括欧盟各国、美国、澳大利亚等国家。对鼓励太阳能发电技术的应用,大多数国家实施可再生能源强制市场份额法令,只有澳大利亚有明确的将太阳能热利用计入份额的办法。虽然太阳能热水器受重视的程度在各个国家有所不同,但很多国家经过城市强制安装法到国家法令的成功执行过程,非常值得我们借鉴。

2. 财政激励政策

财政激励政策包括补贴、税收优惠和低息贷款。这些政策有利于推进政府关于可再生能源立法、建筑能源法令等政策的实施。在绝大多数国家,太阳能热水系统的投资远高于常规热水系统的投资,尤其是光伏系统高出常规能源 10 倍多,投资回收期长,补贴是非常有效的激励政策。目前欧洲大多数国家采用补贴手段,一般补贴为系统造价的20%～50%,德国最高补贴可达系统造价的 60%。但就欧洲实施补贴的情况而言,对太阳能热水器提供补贴的国家比其他国家市场增长要快。而对于光伏并网发电初期,通常采用补贴与收购绿电等手段,因为当市场容量增大时,补贴的成本很昂贵,并可能扭曲市场。税收激励政策与补贴政策类似,对政府来说,并不直接补钱,比补贴更易操作,但税收激励政策只对纳税人起作用,减免税收的额度取决于系统的价格而不是性能。采用税收激励政策的有巴西、葡萄牙、荷兰、奥地利等国家,一些国家还为用户提供低息贷款。

3. 间接市场政策

间接市场政策是被各国重视和广泛采用的激励政策,它包括资助研发项目、支持国家标准与质量认证活动、通过精心策划的宣传推广活动推广创新设计、消除障碍以及其他提升公众意识的措施等。

综上分析,基于法律和长期性激励的专法比短期性激励计划显得更为有效。在太阳能利用市场发展的初期,政府的激励政策有助于市场的成长,首先采用补贴的方法是非常有效的,在市场逐步扩大后,可选择税收激励和立法,市场逐渐成熟后,政府在其中的作用可逐步减少。

2.4.2　国外太阳能的推广措施与手段

1996 年在津巴布韦召开了"世界太阳能高峰会议",会后发表的"世界太阳能战略规划"、"国际太阳能公约"等一系列由世界各国共同签署的重要文件,表明了联合国和世界各国对开发利用太阳能的坚定信心,反映了开发利用太阳能的重大意义[24]。对太阳能的合理充分利用,已成为当前各国节能建筑中能源问题研究的重点所在。

各国都针对自己国家的实际情况制定了相应的法规和政策,取得了较好的成绩,见表 2-4。从表中的统计显示,三种激励政策综合使用的国家,太阳能应用推广的速度最快,如德国一直比较重视对太阳能等可再生能源的研究和开发,在这一领域取得了比较成熟的经验。目前德国太阳能光电板的生产能力已经达到了 50 MW 的水平,可以满足世界上

表 2-4　　　　　　　　　　　　　各国激励政策一览表

国家 名称	激励政策类型		
	立　　法	财政激励政策	间接市场政策
	1. 太阳能系统强制安装法令; 2. 建筑能效法令; 3. 可再生能源强制市场份额法令	1. 补贴; 2. 税收优惠; 3. 低息贷款	1. 资助研发项目; 2. 支持国家标准与质量认证活动; 3. 通过精心策划的宣传推广活动推广创新设计; 4. 消除障碍及其他提升公众意识的措施
英国	"绿屋计划"	补贴; 减免印花税; 拨款	英国政府和全国 12 个电厂、燃气公司建立基金会
德国	可再生能源电力法; 立法机构确定购电补偿法	补贴; 退税优惠	"太阳能 2000"宣传计划
美国	国家能源政策	补助; 减税	国家光伏发展计划; 百万太阳能屋顶计划; 光伏先锋计划
日本	"促进普及太阳能系统融资制度"; 电力设施利用新能源特别村县法	低利贷款; 补助; 税率优惠	日本工业标准; 制定家庭太阳能热水器标准
以色列	强制安装太阳能热水器法令	—	—
西班牙	从地方法令到国家法令; 太阳能热水器强制安装政策	—	—
澳大利亚	实施强制性可再生能源目标	可获得可再生能源证书,并通过证书的交易获得补贴	诸多节能建筑的定级和认证工作

1/3 的市场需求。据德国专家预测,到 2050 年,德国能源供应的 50％将来自于包括太阳能在内的可再生能源[25]。德国政府对太阳能利用实施的政策和措施非常有效,制定了可再生能源电力法,专门用于推广可再生能源的应用。2004 年德国立法机构确定购电补偿法(Feed-in-tariff),其核心内容是"绿电购买绿电",所谓"绿电购买绿电"是指由国民自愿购买绿色电力,绿色电力比常规电力(大约 10 欧分/千瓦时)多 2～3 欧分/千瓦时,电力公司将销售绿电的收益用于购买高价绿电电力(45.7～50.6 欧分/千瓦时)[27]。有了这样的法律,安装光伏发电的用户可以通过向电力公司销售高价绿色电力获得收益,银行的贷款可以如数收回,此项措施非常有效,光伏生产厂家通过销售太阳能电池赚钱,同时,政府达到了推行清洁能源的目的。根据不同的太阳能发电形式,政府还给予为期 20 年0.45～0.62 欧元/千瓦时的补贴,每年递减 5％～6.5％。2010 年可再生能源发电量占总发电量的12.5％。而政府购电的价格达到了 0.574 欧元/千瓦时,是当时德国火电价格的 10 倍以上。另外,对于太阳能发电,政府还提供 70％的设备购置费,有些自治团体制定了自己的政策,对于使用太阳能(包括太阳能光伏电池及建筑上的被动式太阳能利用)的用户,还能得到政府的退税优惠。例如建于 1994 年的汉堡的伯拉姆费尔德(Bramfeid)生态村[26],是当时欧洲最大的项目,得到了政府的鼎力资助。正是一系列的强制性及鼓励政策,使得德国的自觉开发、利用太阳能的观念深入人心。

2.4.3　我国国家相关法律与政策

随着我国的经济腾飞,能源也日趋紧张,我国也把可再生能源的应用定为重点发展方向。为了能够更好地落实我国"节能减排"、"建筑节能"的号召,住房和城乡建设部大力提倡推广建筑中可再生能源的利用,其中应用的重点就是太阳能建筑的光热和光电应用。住房和城乡建设部在《关于贯彻〈国务院关于加强节能工作的决定〉的实施意见》中提出的目标是在"十一五"末期,全国太阳能、浅层地能等可再生能源应用面积占新建建筑面积比例达 25％以上。我国鼓励、支持太阳能建筑应用发展的法律、法规、文件很多,各个地方政府对太阳能建筑应用也有着不同的支持方式(表 2-5)。

2.4.4　太阳能热利用技术理论与标准

对于太阳能技术标准的制定,我国主要表现在太阳能利用的两个方面,一是被动式太阳能利用,另一方面是热水器的技术标准的出台。1992 年由清华大学出版社出版了清华大学、天津大学、北京太阳能研究所等六单位合编、李元哲主编的符合我国国情的《被动式太阳房热工设计手册》,1994 年清华大学等单位编制了国家标准《被动式太阳房技术条件和热性能测试方法》(GB/T 15405-9),同时,各省、各地区根据自己地域特点和居住习惯的设计,相继出版了被动太阳房实例汇编和设计图集,如《被动式太阳能采暖乡镇住宅通用设计试用图集》、《甘肃省被动式采暖太阳房通用设计图集》、《内蒙古采暖太阳房建筑构造图集》等,形成了一整套有中国特色的被动太阳房设计技术。在"六五"和"七五"期间,

表 2-5　　　　　　　　　　　　我国激励政策一览表

相关政策	公布日期	相关法律法规及产业政策
与气候变化相关的国家政策	2007 年 6 月 3 日	《中国应对气候变化国家方案》
与可再生能源相关的国家法规与政策	2005 年 2 月 28 日	《中华人民共和国可再生能源法》
	2006 年 8 月 6 日	《国务院关于加强节能工作的决定》
	2007 年 6 月 3 日	《节能减排综合性工作方案》
	2007 年 9 月	《可再生能源中长期发展规划》
	2007 年 10 月 18 日	《中华人民共和国节约能源法》
与建筑节能相关的国家政策	2004 年 11 月	《节能中长期专项规划》
	2005 年 6 月 23 日	《建设部关于建设领域资源节约今明两年重点工作的安排意见》
	2006 年 7 月	《"十一五"十大重点节能工程实施意见》
	2006 年 8 月 25 日	《建设部、财政部关于推进可再生能源在建筑中应用的实施意见》
	2006 年 9 月 4 日	《可再生能源建筑应用专项资金管理暂行办法》
	2008 年 8 月 1 日	《民用建筑节能条例》
地方政府建筑节能相关政策	2005 年	《厦门市建筑节能五年规划》
	2006 年 9 月 8 日	《北京市"十一五"时期建筑节能发展规划》
	2006 年 9 月 28 日	《陕西省建筑节能条例》
	2006 年 11 月 1 日	河南省《贯彻国务院关于加强节能工作决定的实施意见》
	2006 年 12 月 1 日	《上海市建筑节能"十一五"规划》
	2007 年 8 月 7 日	《上海市节能减排工作实施方案》
	2007 年 8 月 14 日	《山东省墙体材料革新与建筑节能"十一五"发展规划》
	2007 年 8 月 20 日	《浙江省建筑节能管理办法》
	2007 年 12 月 19 日	《河北省建筑节能(2007—2010 年)发展规划》
	2008 年 11 月	《连云港市节能减排工作实施意见》

被动太阳房的热工设计和建筑构造作为太阳能热利用的一个子项列入了国家科技攻关计划。其中,依据太阳房传热机理,建立了太阳房热过程的动态物理、数学模型,并根据模型编制了模拟计算软件。利用计算软件及模拟试验验证,对影响太阳房热工性能的相关参数进行了灵敏度分析和优化计算;对已建成的试验和示范太阳房所作的大量试验、

测试及工程实践,提出了优化设计方法;对直接受益窗、集热-蓄热墙、附加温室、花格墙和水墙等方案,进行了研究并建造了若干示范房,前三种集热方式的组合是我国被动太阳房设计的主要形式。我国的科技工作者除创造了花格蓄热墙、快速集热墙等新型的采暖方式外,对墙体、屋顶、地面的保温措施也因地制宜地创造了多种多样的具有中国特色的形式。

2005 年 12 月 5 日,由中国建筑设计研究院会同计划建筑行业和太阳能行业的设计、科研与太阳能热水生产企业编制的《民用建筑太阳能热水系统应用技术规范》(GB 50364 - 2005),经中华人民共和国建设部和国家质量监督检验检疫总局联合发布,已于 2006 年 1 月 1 日实施。这是我国第一部太阳能与建筑结合的国家标准,也是《中华人民共和国可再生能源法》要求制定的太阳能利用系统与建筑结合的技术规范。同时,中国建筑标准设计研究院编制并出版了国家建筑设计图集《太阳能热水器选用与安装》(06J 908 - 6),从技术角度解决了太阳能热水器系统在建筑上安装的建筑构造,确保太阳能热水系统在建筑上应用的安全性及建筑的协调统一,使太阳能热水系统纳入建筑标准化轨道。

2.4.5　太阳能光伏利用标准与规范

为使太阳能在建筑中规范化、标准化推广,我国已经陆续出版了一系列标准、规范、技术指南和工程图集等。

1. 我国国家标准

1) 产品标准

为了进一步促进太阳能热利用产业的发展,提高我国太阳能热利用产品质量,引导太阳能热利用产业技术进步,指导企业生产,规范市场秩序,保护消费者利益. 促进太阳能利用产业的健康、持续发展,国家标准化管理委员会及其他相关部门相继批准公布了一系列的太阳能热利用的国家标准和行业标准,下面列出部分产品标准。

(1)《家用太阳热水系统技术条件》(GB/T 19141—2003);

(2)《家用太阳热水系统热性能试验方法》(GB/T 18708—2002);

(3)《平板型太阳集热器技术条件》(GB/T 6424—2007);

(4)《真空管太阳集热器》(GB/T 17581—2007);

(5)《太阳能集热器热性能试验方法》(GB/T 4271—2007);

(6)《全玻璃真空太阳集热管》(GB/T 17049—2005);

(7)《玻璃-金属封接式热管真空管太阳集热管》(GB/T 19775—2005);

(8)《环境标志产品技术要求家用太阳能热水系统》(HJ/T 363—2007);

(9)《环境标志产品技术要求太阳能集热器》(HJ/T 362—2007)。

2) 工程建设标准

(1)《民用建筑太阳能热水系统应用技术规范》(GB 50364—2005);

(2)《太阳能供热采暖工程技术规范》(GB 50495—2009);

(3)《太阳热水系统性能评定规范》(GB/T 20095—2006);

(4)《太阳热水系统设计、安装及工程验收技术规范》(GB/T 18713—2002);

(5)《被动式太阳房热工技术条件和测试方法》(GB/T 15405—2006)。

2. 国际和欧洲标准

1) 国际 ISO 标准

国际标准化组织(ISO)于 1980 年成立了太阳能技术委员会(TC 180),它的工作范围包括太阳能热水、采暖、制冷空调和工业加热等方面的标准化。目前,ISO/TC 180 已经制定并发布了一批有关太阳能热水器的国际标准,其范围包括太阳能术语、太阳能集热器和家用太阳能热水系统等几大类。主要有以下八个标准:

(1)《太阳集热器试验方法——第一部分:带压力降的有玻璃盖板的液体集热器热性能》(ISO 9806 - 1:1994);

(2)《太阳集热器试验方法——第二部分:太阳能集热器测试方法》(ISO 9806 - 2:1995);

(3)《太阳集热器试验方法——第三部分:带压力降的无盖板的太阳能集热器热性能(显热)测试方法》(ISO 9806 - 3:1995);

(4)《家用太阳能热水系统——第一部分:室内热性能试验方法下的性能评价程序》(ISO 9459 - 1:1993);

(5)《家用太阳能热水系统——第二部分:系统特性的室外试验方法和单一的太阳能系统年性能预测》(ISO 9459 - 2:1995);

(6)《家用太阳能热水系统——第三部分:太阳能带辅助热源系统的热性能试验》(ISO 9459 - 3:1997);

(7)《家用太阳能热水系统——第四部分:通过部件试验及计算机模拟来表征系统热性能》(ISO 9459 - 4:1997);

(8)《家用太阳能热水系统——第五部分:通过整个系统试验及计算机模拟来表征系统热性能》(ISO 9459 - 5:1997)。

2) 欧洲 EN 标准

欧洲是世界上太阳能热利用技术水平及太阳能热水器商品化程度都比较高的地区。近年来,欧洲标准化委员会(CEN)下设的太阳能技术委员会(TC 312)已经制定并发布了七项有关太阳能热水器的欧洲标准,其范围包括太阳能集热器、工厂制造的太阳能热水系统和客户组装的太阳能热水系统三大类。工厂制造的太阳能热水系统是指以多种形式在市场上大量销售的产品,通常有完整的包装,可直接进行安装,而且有一个商品名称。这类系统一般是小型的太阳能热水系统,我国通常称其为家用太阳能热水器。

客户组装的热水系统是指客户用市场上选购的部件进行组装的系统,或者根据用户具体情况单独进行设计、组装的系统。这类系统一般是大中型的太阳能热水系统,我国通常称为太阳能热水系统。我国目前应用的有关太阳能热水器的欧洲标准都是 2006 年修订的英文版本，主要有以下七项：

(1)《太阳热水系统及部件第一部分：总则》*Thermal solar systems and components-Solar collectors-Part* 1：*General requirements*（EN 12975−1：20061）；

(2)《大阳热水系统及部件第二部分：测试方法》*Thermal solar systems and components-Solar collectors-Part* 2：*Test methods*（EN 12975−2：2006）；

(3)《太阳热水系统及部件工厂制造的系统第一部分：总则》*Thermal solar systems and components-Factory made systems-Part* 1：*General requirements*（EN 12976−1：2006）；

(4)《太阳热水系统及部件工厂制造的系统第二部分：测试方法》*Thermal solar systems and components-Factory made systems-Part* 2：*Test methods*（EN 12976−2：2006）；

(5)《太阳热水系统及部件客户组装系统第一部分：总则》*Thermal solar systems and components-Custom built systems-Part* 1：*General requirements*（EN 12977−1：2006）；

(6)《太阳热水系统及部件客户组装系统第二部分：测试方法》*Thermal solar systems and components-Custom built systems-Part* 2：*Test methods*（EN 12977−2：2006）；

(7)《太阳热水系统及部件客户组装系统第三部分：太阳能热水系统储水箱生能表征》*Thermal solar systems and components-Custom built systems-Part* 3：*Performance characterization of stores for solar heating systems*（EN 12977−3：2006）。

3．工程图集
(1)《太阳能集热系统设计与安装》(06K503)；
(2)《太阳能集中热水系统选用与安装》(06SS128)；
(3)《太阳能热水器选用与安装》(06J908−6)；
(4)《住宅建筑太阳能热水器工程图集》；
(5)《国外建筑设计详图图集 13：被动式太阳能建筑设计》。

2.4.6 规模化推广的激励体系

1．健全政策法规体系、建立节能监管体系

建筑节能市场不可能自发地开展，必须首先由政府主导。目前我国法律对建筑节能缺少具体明确的规定。我国的《节约能源法》主要侧重于工业节能，关于建筑节能的规定只有一条并且只具原则性；而我国的《民用建筑节能管理规定》、《实施工程建设强制性标准监督规定》、《可再生能源法》等相关法规，由于法律地位较低，对全社会的引导作用和对建设工程相关主体的制约作用缺乏力度。

要想进一步推进和监督太阳能利用工作，需要建立健全建筑节能与太阳能利用法规体系，才能使太阳能应用工作走上法制化的轨道。由于我国各区域气候差异较大,特别是南北过渡地区和南方地区新建建筑执行建筑节能标准的比例较低,因此,建立完整的建筑节能监管体系是保证太阳能建筑落到实处的重要措施。首先要在施工图设计文件审查环节加强监管力度,其次要将对执行建筑节能标准的监管进一步延伸至施工、监理、竣工验收、房屋销售等环节。这是提高太阳能建筑全年利用率和运行经济性的基础。

2. 完善技术标准规范、建立能效标识系统

太阳能技术标准是开展建筑节能工作的基本依据,随着我国太阳能利用的发展,迫切需要建立和完善太阳能技术标准体系。但目前我国建筑节能技术标准体系还不够健全,主要体现在以下四个方面:

(1)太阳能建筑因涉及各专业学科和建筑建设使用等多个环节,目前的太阳能标准被分散到了不同专业的标准体系中,尚没有形成独立的体系,无法做到标准规范修订的统筹规划部署;

(2)缺乏太阳能标准的相关衍生物,如技术导则、指南、标准图集等,无法对标准的实施提供强有力的技术支持;

(3)由于太阳能技术缺乏系统的前期研究,标准编制的相关技术研究工作薄弱,影响了标准的编制进度和质量,同时标准实施缺乏相关技术和产品支持;

(4)缺乏太阳能利用过程控制和最终的认定与评价标准。

由于缺乏权威部门对房屋节能性能做出的客观评价和能效标识用户自己无法判断太阳能建筑的节能减排效果,政府也没有裁定的标准和依据。因此,急需建立并实施建筑能效标识系统,规范市场,促进节能技术进步和建筑节能工作的健康发展。

3. 建立切实可行的激励措施

政府支持是发展太阳能的关键,也是太阳能产业发展的初始动力。推广太阳能社会效益显著,但经济效益不高,缺少有利于太阳能产业发展、吸引广大居民应用太阳能等新能源设备的切实可行的激励政策。我国部分省市自治区已率先对扶持推广太阳能实行专项补贴,使太阳能得到有效推广。我国许多城市近年来对太阳能推广计划有单项投入,但总体投入较少,更没有规范地将此纳入各级财政预算计划,是其发展缓慢的重要因素。由于缺乏长远规划,投入过少,太阳能成本高,群众购买力有限,太阳能的成熟技术很难尽快大规模推广与应用。建议政府制定太阳能推广长远规划,尽快实施太阳能屋顶计划,结合各地实际,采取风光互补、小水电站与太阳能互补,户用光伏电源系统、太阳能路灯、太阳能与建筑结合等多种形式,独立系统与并网双通,综合开发应用太阳能。

4. 太阳能建筑的评估机制

依靠太阳能技术进步是推动建筑节能工作开展的有效途径之一。随着我国经济发展和社会进步,大量新技术、新产品、新工艺成果不断涌现,但这些成果的推广应用以及成果的更新周期都不能适应新形势的要求。在建筑行业内,以结构安全性为核心的质量监督

检验制度是健全的,各地都设有质检站,在建筑的建造过程和竣工验收阶段起到对建筑质量实施控制和监督检验的作用。但是与建筑节能相关的质量控制和效果检查一直未纳入现行的建筑工程质量监督检验体系。

在方案设计阶段,技术经济评价可以作为方案选择的依据;在太阳能建筑设计时,能够指导设计人员综合考虑各专业设计的影响;在运行过程中,通过实际运行检测,包括用能统计、安全评估、系统检测等,进行系统的运行技术经济评价,并修整预评价指标。另一方面,由于太阳能建筑所涉及的技术不同,各级建筑工程质检站尚不具备开展与建筑节能相关质量监督检验的能力。因此,必须建立国家级的太阳能建筑能效评估机构,以配合各级质检站开展建筑节能监督检查。同时,由于国家级的建筑节能评估机构是具备第三方公正性地位的评估机构,不但能在工程建设全过程中提供技术支撑和评估,而且能为建筑物在长期正常使用过程中的节能提供技术支撑,使建筑节能工作产生预期的节能效果。

第3章 高层住宅建筑总体布局对太阳能利用的影响

3.1 高层住宅日照标准与间距

3.1.1 日照标准

《城市居住区规划设计规范》(GB 50180－93)(2002 年版)中规定住宅日照标准应符合表 3-1 规定。沪规法[2003]482 号日照标准《上海市城市规划管理技术规定》第二十七条:高层居住建筑与低层独立式住宅的间距,应保证受遮挡的低层独立式住宅的居室冬至日满窗日照的有效时间不少于连续 2 h;与其他居住建筑的间距,应保证受遮挡的居住建筑的居室冬至日满窗日照的有效时间不少于连续 1 h。日照有效时间按该规定的日照有效时间表(表 3-2)执行。

表 3-1   住宅建筑日照标准

建筑气候区划	Ⅰ、Ⅱ、Ⅲ、Ⅶ气候区		Ⅳ气候区		Ⅴ、Ⅵ 气候区
	大城市	中小城市	大城市	中小城市	
日照标准日	大寒日				冬至日
日照时数(h)	2		3		1
有效日照时间带(h)	8~16				9~15
日照时间计算起点	底层窗台面				

表 3-2   日照有效时间表

建筑物朝向	日照有效时间	建筑物朝向	日照有效时间
正南向	9:00~15:00	—	—
南偏东 1°~15°	9:00~15:00	南偏西 1°~15°	9:00~15:00
南偏东 16°~30°	9:00~14:30	南偏西 16°~30°	9:30~15:00
南偏东 31°~45°	9:00~13:10	南偏西 31°~45°	10:30~15:00
南偏东 46°~60°	9:00~12:30	南偏西 46°~60°	11:30~15:00
南偏东 61°~75°	9:00~11:30	南偏西 61°~75°	12:30~15:00
南偏东 76°~90°	9:00~10:30	南偏西 76°~90°	13:30~15:00

注:朝向角度取整数,小数点四舍五入。

日照分析应保证受遮挡建筑主要朝向的窗户的日照有效时间,次要朝向按规定的建筑间距控制,不作日照分析。条式建筑以垂直长边的朝向为主要朝向,点式建筑以南北向为主要朝向。规范要求居住建筑每户住宅的主要朝向有 2 个以上居室受遮挡的,最少应有 1 个居室满足日照有效时间规定;1 个居室有几个朝向窗户,其主要朝向的窗户应满足日照有效时间规定,其他朝向的窗户不做日照分析。

3.1.2 间距要求

高层居住建筑与低层独立式住宅的间距应符合《上海市城市规划管理技术规定》的规定,并同时符合消防、卫生、环保、工程管线和建筑保护等方面的要求。根据日照、通风的要求和上海市建设用地的实际使用情况,居住建筑的间距应符合表 3-3 中的规定。

表 3-3　　　　　　　　　　　　　　建筑间距一览表

布 置 方 式	示 意 图	建 筑 间 距	
		浦西内环线以内	其他地区
高层居住建筑南北向平行布置	$\alpha \leqslant 45°$	同时符合 L_x 满足北侧住宅居室冬至日满窗日照有效时间不少于连续 1 h; $L_x \geqslant 0.5 H_s$;	
		$L_x \geqslant 24$ m	$L_x \geqslant 30$ m
高层居住建筑与多、低层居住建筑南北向平行布置	$\alpha \leqslant 45°$	同时符合 L_x 满足北侧住宅居室冬至日满窗日照有效时间不少于连续 1 h; $L_x \geqslant 0.5 H_s$;	
		$L_x \geqslant 24$ m	$L_x \geqslant 30$ m
高层居住建筑与高层居住建筑垂直布置时,南北向间距		同时符合 L_x 满足北侧住宅居室冬至日满窗日照有效时间不少于连续 1 h; $L_x \geqslant 0.3 H_s$; $L_x \geqslant 20$ m; $B \leqslant 16$ m	
高层居住建筑与高层、多层、低层居住建筑既非平行也非垂直布置	$\alpha > 45°$	同时符合 L_x 满足北侧住宅居室冬至日满窗日照有效时间不少于连续 1 h; $L_x \geqslant 0.3 H_s$; $L_x \geqslant 20$ m; $B \leqslant 16$ m	
	$\alpha > 45°$	同时符合 L_x 满足北侧住宅居室冬至日满窗日照有效时间不少于连续 1 h; $L_x \geqslant 20$ m	
图例	▬ 高层住宅　▨ 多层住宅　▢ 低层住宅 L_x:南北向建筑间距; H_s:南侧建筑高度; B:建筑山墙宽度		

3.1.3　住宅面宽的限制

《上海市城市规划管理技术规定》(土地使用建筑管理)第四十五条和第五十条,有关建筑物的高度、面宽及建筑景观控制的规定(图 3-1),要求同时符合日照、建筑间距、消防等方面的规定。建筑物的面宽,除经批准的详细规划另有规定外,按以下规定执行:

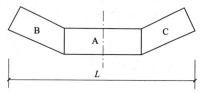

图 3-1　建筑面宽控制示意图

1)建筑高度 $H_A \leqslant 24$ m,其最大连续展开面宽的投影 $L \leqslant 80$ m;

2)建筑高度 24 m$<H_A \leqslant 60$ m,其最大连续展开面宽的投影 $L \leqslant 70$ m;

3)建筑高度 $H_A > 60$ m,其最大连续展开面宽的投影 $L \leqslant 60$ m;

4)不同建筑高度组成的连续建筑,其最大连续展开面宽的投影上限值按较高建筑高度执行。

3.2　高层住宅建筑布局方式分析

在 20 世纪 50—80 年代,因为经济和朝向通风的原因,上海住宅总体布局主要以行列式为主,到 90 年代,随着住宅建设的迅速发展,住宅总体布局日渐多元,而且逐步发展起来的高层住宅也直接影响了住宅总体布局的类型。

3.2.1　典型布局方式

1. 行列式

行列式布置方式是上海最多见、最实用的总体布置方式,也是用地最经济,最适合套用标准图集的方式,在各个时期,它都占了绝对多数。行列式在空间排布上主要有以下列几种形式:

1)轴向行列式

较早的行列式布置形式,由于道路起到了重要的轴线作用,所以把它称为“轴向行列式”布置。如曲阳新村(图 3-2a)是 20 世纪 70 年代末开始建设的特大型居住区,首次将多层住宅与高层住宅混合布置;世博浦江镇定向安置基地大唐盛世花园一期采用了较为规整的行列式布局(图 3-3),该小区以主轴线布置小高层的行列格局,采用底层架空、过街楼等,创造出多样化生活方式的“花园城市”居住区。

2)混合行列式

这种形式主要表现为南面布置层数较低的住宅,向北层数逐渐加高。如早期案例位于浦东张杨路的桃林花苑、文化佳园、仁恒滨江园(图 3-4)等许多住区都是采用这种布置

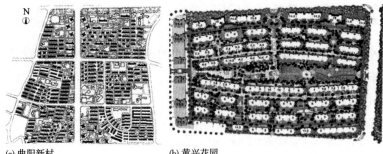

(a) 曲阳新村　　　(b) 黄兴花园　　　　　　图 3-2　轴向行列式布局[28]

图 3-3　大唐盛世花园[29]

形式。这类混合行列式布置方式有以下特点：高层住宅以一梯两户单元式为主，几个单元相互拼接，有意识地形成弯曲和错位；高度上为解决日照遮挡问题和活跃形象，往往采取自由跌落和大幅度的变化；用多层和高层进行拼接，整体上南低北高，小区的最后一排可借用道路间距而建筑高度最高。

3) 高层多层纯行列式

它是行列式与点式混合布局，在总体上呈对称之势，通过行列之间的侧间距的大小变化，形成组团绿地，并且通过区内外缘的环路来达到人车分流的目的，如三湘四季花城（图3-5）。

2. 组群式

组群式布局在过去的 20 年中较为盛行。首先是因为行列式布局虽然节约用地、朝向好，但空间过于单调，需要通过组群的方式加以变化；其次，组群式易于分期开发建设和管理；此外在国家标准里，按规模把住宅区分为居住区、居住小区和住宅组团三个级别。这样就为组群式布局创造了很好的条件。上海的住宅组群式布置往往是通过点式和行列式的结合来进行的。比起对外城市道路和空间的作用考虑来说，它强调的往往是住宅区内部的中心感。

图 3 - 4　仁恒滨江园[30]

**图 3 - 5　三湘四季花城
　　　　紫薇苑**

1) 行列组团式

20 世纪 80 年代后期建设的管弄新村(图 3 - 6),在行列式布置的基础上有了很大的改观,可称之为"行列组团式",它不像曲阳新村那样匀质布置,而强调有机的道路组团布置,建筑形态渐变和相互呼应,组团中心布置点式高层,绿地空间较多,形成一定的向心性,道路主次分级明显,识别性增强。这种格局被戏称为"四菜一汤"式,即几个组团围绕着一个小区中的布局方式。

宁波维科·水岸心境(图 3 - 7)位于海曙区姚江南岸,东邻黄家河,西靠丽园北路延伸段,位于三江文化长廊,维科·水岸心境规划有多层、小高层、高层及部分排屋,以姚江为主题,充分体现水岸住宅的特点,组团中心围绕着排屋布置点式高层,整体建筑规划形成南岸南低北高之势。

图 3-6 管弄新村[28]

图 3-7 宁波维科·水岸心境

2）高层组群式

20世纪80年代中期建设的田林新村中的田林新苑（图3-8）是高层组群式布局的实例。其中部特别长的9栋板式高层虽然是行列式布置的，但它们与点式住宅配合成为高层组群，在组群的中间形成尺度很大的组群空间，并在其中布置较低层数的公建服务设施。台阶式跌落的板式住宅和高耸的塔式的住宅虽然是成组布置的，但由于建筑尺度过大，使人产生压抑感；板式住宅长达39个开间，总长度超过130 m，其间的间距在50 m左右。高层住宅的日照控制主要是按平面角计算的，过长的建筑体量布置实际上是不利的。2003年竣工的金桥爱建园（图3-8a），是高层组群S形布局典例，位处浦东碧云国际社区，毗邻汤臣高尔夫球场、世纪公园。它采用了行列式布置弧形建筑的方式，弧形的住宅略微形成了围合之势，在小区中间构成了相对变化的绿化空间。

3）高层弧形组群式

仁恒河滨花园（图3-9）工程位于上海市长宁区，占地约12 hm²，总建筑面积约380 000 m²。总体呈围合式布局，住宅单体基本沿基地周边布置，以此形成空间的特点和个性,在小区的中央构成一个相对较大的绿化空间,创造出大片集中绿地和景观设施,最大限度地减少了行列式布局前后栋建筑间视线的干扰,私密性强。

3.2.2　日照问题

在太阳能建筑规划和设计时,应遵照相关规范对日照条件的规定。2006 年 1 月 1 日实施的国家标准《民用建筑太阳能热水系统应用技术规范》(GB 50364—2005)5.3.2 指出:"建筑设计应满足太阳能热水器有不少于 4 h 日照时数的要求。"《上海民用热水系统应用技术》(DGJ08 - 2004A - 2006),要求建筑设计应满足太阳能热水器年均每天日照时数有

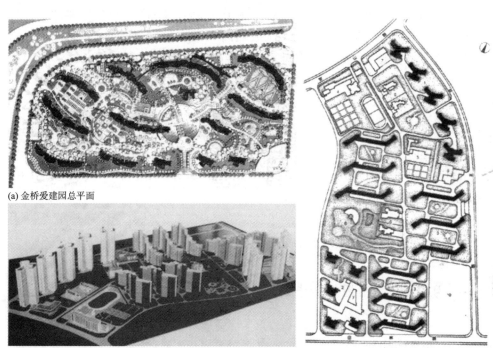

(a) 金桥爱建园总平面

(b) 田林新苑模型鸟瞰

(c) 田林新苑总平面

图 3 - 8　高层组群式[29]

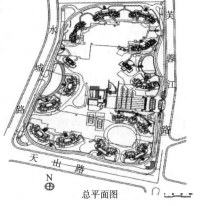

总平面图

图 3 - 9　仁恒河滨花园[30]

不少于 4 h 的要求。因此,上海高层住宅设计中的日照条件能否满足应用太阳能集热器的日照时长,还需要作进一步的分析计算。

影响建筑日照的因素很多,如气候、纬度、空气质量等,本书从建筑规划布局角度,针对被研究建筑的南侧建筑对其日照遮挡和建筑自身凹凸造成的遮挡进行分析。由于屋面上安置太阳能集热器较易满足 4 h 日照,仅研究南向外墙和阳台的日照分析,重点研究连续 4 h 日照要求的满足条件(采用天正日照软件)。

研究案例的设定条件:

(1) 地理位置:东经 $120°51'\sim120°45'$,北纬 $30°41'\sim31°51'$;

(2) 周围环境:按最不利情况考虑,即周围有满足规范条件的建筑遮挡;

(3) 建筑高度:建筑层高 2.8 m,女儿墙高 1.1 m,室内外高差 0.3 m;

(4) 建筑长高比:长高比过大对建筑的日照最不利;

(5) 日照间距:遵守《上海市城市规划管理技术规定》规定。

1. 被遮挡

根据上海小区布局特点,本研究注重分析行列式布局中板式与塔式高层住宅的日照时长:多层和小高层板式(长板、短板或点式[①])之间的遮挡影响分析、高层板式(长板、短板或点式)之间的遮挡分析、塔式与板式高层住宅间的遮挡分析、塔式(东西向间距大于建筑长和小于建筑长)间的遮挡分析(表 3-4)。

2. 自遮挡

建筑自身凹凸的自遮挡问题研究见表 3-5。

3.3 南立面日照时长研究

3.3.1 被遮挡研究

1. 6 层板式住宅

1) 短板式 6 层住宅建筑(长高比为 1.76)

短板式 6 层住宅建筑 2 个住宅单元长 32 m,长高比为 1.76。按照规划要求 $L:H=1:1.0$ 和 $L:H=1:1.2$ 进行设计的行列布局,建筑间距分别为 $L=18.2$ m 和 $L=21.84$ m,其冬至日日照分析见图 3-10(a)和 3-11(a)所示,底层住户不能满足冬至日满窗日照 1 h 要求。应用天正日照软件对住宅南墙面日照进行分析,见图 3-10(b)和 3-11(b)所示。日照曲线在靠建筑两端的被遮挡的时间短,日照时间满足冬至日累计 4 h 日照条件的最低

---

① 板式住宅建筑长宽比大于 1,而点式住宅建筑长宽比小于等于 1。本研究将两户型单元住宅称为短板式,大于两户型单元住宅称为长板式。

表 3-4 建筑被遮挡研究案例设定条件一览表

遮挡建筑性质	图示	日照间距要求		建筑高度 H(m)	建筑间距 L_x(m)	建筑长度 L_w(m)	建筑长高比 W/H
		浦西内环线以内	其他地区				
案例一 6层板式		依据《上海市城市规划管理技术规定》第二十三条		18.2	$L_x=1.0$ $H=18.2$ $L_x=1.2$ $H=21.84$	32	1.76
案例二 6层板式		$L_x\geqslant 1.0H$	$L_x\geqslant 1.2H$	18.2	$L_x=1.0$ $H=18.2$ $L_x=1.2$ $H=21.84$	80	4.40
案例三 12层板式		依据《上海市城市规划管理技术规定》第二十七条有关高层住宅的建筑间距规定: 1. 平行布置时的间距同时符合: ① L_x 满足北侧住宅居室冬至日满窗日照有效时间不少于连续1h; ② $L_x\geqslant 0.5H$ 2. 高层居住建筑的山墙与高、多、低层居住建筑的山墙间距不小于13 m。 依据第五十条有关建筑物的面宽规定(不同建筑高度组成的连续建筑,其最大连续展开面宽的投影上限值按较高建筑高度执行): 1. 建筑高度 $H\leqslant 24$ m,其最大连续展开面宽的投影≤80 m; 2. 24 m<$H\leqslant 60$ m,其最大连续展开面宽的投影≤70 m; 3. $H>60$ m,其最大连续展开面宽的投影≤60 m		35	$L_x=50.63$	32	0.91
案例四 12层板式				35	$L_x=50.81$	70	2.00
案例五 18层板式				51.8	$L_x=74.33$	32	0.62
案例六 18层板式				51.8	$L_x=74.60$	70	1.35
案例七 18层独栋塔式				51.8	$L_x=24$ $L_x=30$	26	0.50
案例八 18层多栋塔式(塔楼东西向间距大于建筑长度)				51.8	$L_x=68.00$	26	0.5
		$L_x\geqslant 24$	$L_x\geqslant 30$				

表 3-5　　　　　　　　　　　　建筑自遮挡研究案例设定条件

	户型		自遮挡建筑性质	图示	凹凸宽度 W(m)	凹凸深度 H(m)	实际工程名称
案例一	板式	一梯两户	阳台凹进		$W=2.40$	$H=1.50$	大上海国际花园
案例二			阳台半凸		$W=4.10$	$H=0.68$	祥和家园美岸栖庭
案例三	塔式	一梯四户	单户凸出		$W=2.30$	$H=10.53$	仁恒进修园 1 期 13 号楼
案例四		一梯六户	单户凸出		$W_1=4.90$ $W_2=2.20$	$H_1=11.70$ $H_2=12.0$	秀苑小区三街坊 11、2 号楼
案例五			单户凸出		$W_1=3.30$ $W_2=5.30$	$H_1=8.40$ $H_2=8.40$	瑞金花园
案例六			单户凸出		$W=1.50$	$H=8.60$	凯利大厦

处立面高度 H_0 为 7.0 m 高,相当于两层半的高度。可见,上海多层住宅按规定 $1.0H$ 和 $1.2H$ 的间距设计,加大 $0.2H$ 的间距对底层墙面遮挡情况改变不大,仍有两层半不能达到 4 h 日照时间。

2) 长板式 6 层住宅建筑(长高比为 4.40)

长板式 6 层住宅建筑 5 个住宅单元长 80 m,长高比为 4.40。按照规划要求 $L:H=1:1.0$ 进行布局,建筑间距为 18.2 m,其冬至日日照分析见图 3-12 所示,底层住户不能满足冬至日满窗日照 1 h 要求;对住宅南墙面日照进行分析,见图 3-12b 所示。日照时间满足冬至日累计 4 h 日照条件的最低处立面高度 H_0 为 7.0 m,相当于两层半的高度;建筑两端的日照时间高度为 6.5 m。按 $L:H=1:1.2$ 进行设计,建筑间距为 $L=21.84$ m,其冬至日底层窗户的日照时间见图 3-13(a)所示,也不能满足冬至日满窗日照 1 h 要求;住宅南墙面日照如图 3-13(b)所示,日照时间满足冬至日累计 4 h 日照条件的最低处立面高度 H_0 为 4.9 m,相当于一层半的高度;建筑两端满足冬至日 4 h 的日照条件的高度为 4.5 m。可见,上海对多层住宅按 $1.0H$ 和 $1.2H$ 的间距计算,底层达不到日照标准。加大 $0.2H$ 的间距,可降低 2 m 高的遮挡面,表明建筑越长,运用加大建筑间距的方法减少遮挡越有效。

3) "长板+短板"6 层住宅建筑

对于"长板+短板"6 层住宅建筑,按照规划要求 $L:H=1:1.0$ 和 $L:H=1:1.2$ 进行布置,建筑间距为 $L=18.2$ m 和 $L=21.84$ m,其冬至日底层窗户的日照分析图如图

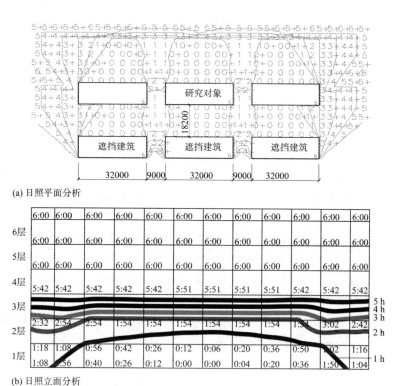

(a) 日照平面分析

(b) 日照立面分析

图 3-10　短板式 6 层住宅建筑(间距 $L_x = 1.0\ H$)日照分析

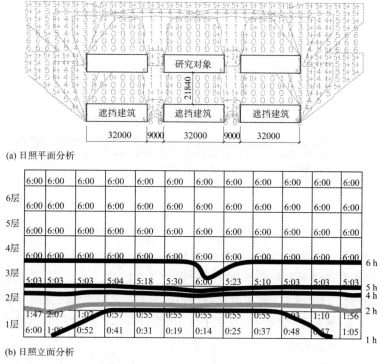

(a) 日照平面分析

(b) 日照立面分析

图 3-11　短板式 6 层住宅建筑(间距 $L_x = 1.2\ H$)日照分析

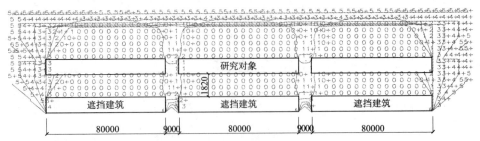

(a) 日照平面分析

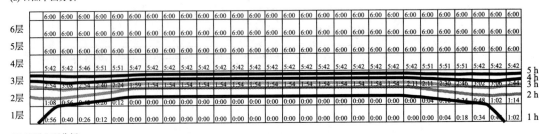

(b) 日照立面分析

图 3‐12　长板式 6 层住宅建筑(间距 $L_x = 1.0 H$)日照分析

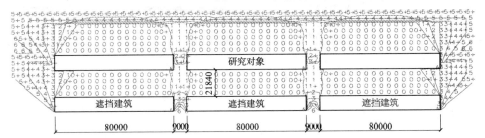

(a) 日照平面分析

(b) 日照立面分析

图 3‐13　长板式 6 层住宅建筑(间距 $L_x = 1.2 H$)日照分析

3‐14(a)和 3‐15(a)所示,不能满足冬至日满窗日照 1 h 要求。应用天正日照软件对住宅南墙面日照进行分析,如图 3‐14(b)和 3‐15(b)所示。日照时间满足冬至日累计 4 h 日照条件的最低处立面高度 H_0 分别为 7.0 m 和 4.9 m 高,两侧满足 4 h 的日照条件高度分别为 6.5 m 和 4.5 m。可见,这种在"长板"北向山墙一侧平行布置"短板"的形式,与布置"长板"的被遮挡的情况差别不大,即累计 4 h 日照时间的遮挡情况变化不大。

2. 12 层板式住宅

根据国务院批准的《上海市城市总体规划方案》和《上海市城市建设规划管理条例》等有关法规,结合本市实际情况,上海明文规定:首先保证受遮挡的居住建筑(包括高层、多层、低层)的居室冬至日满窗日照的有效时间不少于连续 1 h。南北向的高层居住建筑,间距不小于南侧建筑高度的 0.5 倍,且其最小值浦西内环线以内地区为 24 m,其他地区为 30 m(原规定无地区差别)。根据这些规定确定住宅间距,分析南北向布置的高层住宅日照时长。

1) 12 层短板式住宅建筑(长高比为 0.91)

"短板"12 层住宅建筑 2 个住宅单元长 32 m,长高比为 0.91。按照规划要求进行设计,应用天正日照软件确定建筑间距为 $L_x = 50.63$ m,可以满足规范日照要求(图 3 - 16)。建筑两端的日照时间相对稍长,中间部分日照稍短,日照时间满足冬至日累计 4 h 日照条件的最低处立面高度 H_0 为 2.5 m 高,近一层住宅的高度。

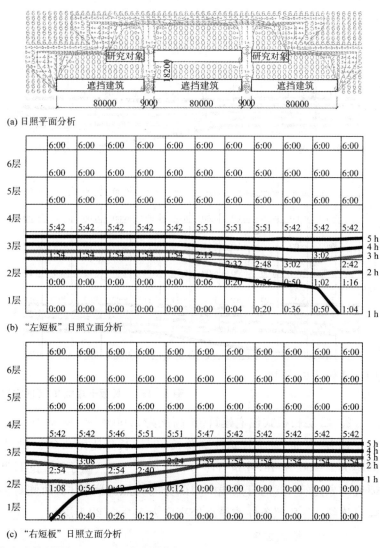

图 3 - 14　"长板＋短板"6 层住宅建筑(间距 $L_x = 1.0 H$)日照分析

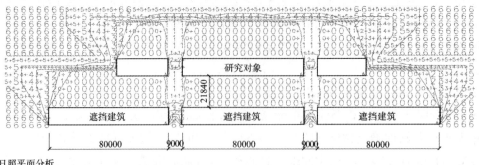

(a) 日照平面分析

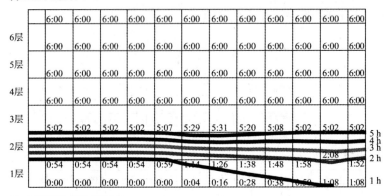

(b) "左短板"日照立面分析

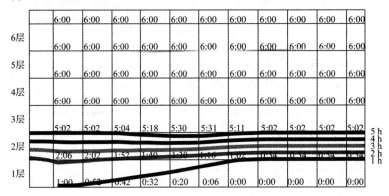

(c) "右短板"日照立面分析

图 3-15 "长板+短板"6 层住宅建筑(间距 $L_x=1.2H$)日照分析

2) 12 层长板式住宅建筑(长高比为 2.00)

12 层"长板"住宅建筑住宅总长 70 m,长高比为 2.00。满足冬至日满窗日照 1 h,日照间距为 $L=50.80$ m,建筑日照分析见图 3-17。高于 4 h 的日照线等时线呈平缓的凹形,研究对象建筑 4 h 的日照线中间部分的日照时间较长,两侧日照时间短,日照时间满足冬至日连续 4 h 日照条件的最高处高度为 1.9 m(约 1 层)。

3. 18 层板式住宅

1) 18 层短板式住宅(长高比为 0.62)

18 层短板式住宅 2 个住宅单元长 32 m,长高比为 0.62。建筑间距为 $L=74.33$ m 时,

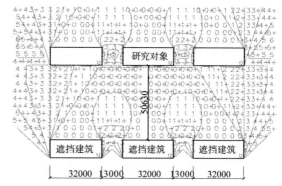

(a) 日照平面分析

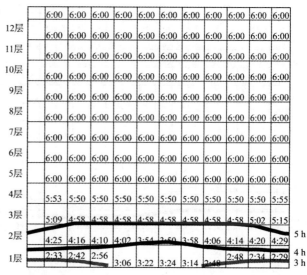

图 3 - 16　短板式 12 层住宅建筑日照分析　(b) 日照立面分析

可以满足冬至日满窗日照 1 h 要求。其冬至日底层日照分析见图 3 - 18(a)，在此日照间距下，研究对象建筑的南向外墙上设置集热器，要达到满足冬至日连续 4 h 的日照条件，如图 3 - 18(b)所示，可知日照等时线两侧高度为 1.7 m(约为半层高)，日照时间满足冬至日连续 4 h 日照条件的最高处立面高度为 2.9 m(约 1 层)。

　　2) 18 层长板式住宅建筑(长高比 1.35)

　　18 层长板式住宅总长 70 m，长高比 1.35。满足冬至日满窗日照 1 h，日照间距为 $L=74.60$ m，建筑日照分析见图 3 - 19。高于 4 h 的日照线等时线呈平缓的山形，研究对象建筑 4 h 的日照线两侧的日照时间较短，中间部分日照时间长，日照时间满足冬至日连续 4 h 日照条件的最高处高度为 4.9 m(约 2 层)。

　　4. 18 层单栋住宅两侧无其他遮挡建筑

　　1) 点式＋点式

　　单栋建筑在两侧无其他遮挡建筑时，与其正北侧布置居住建筑的间距不得小于

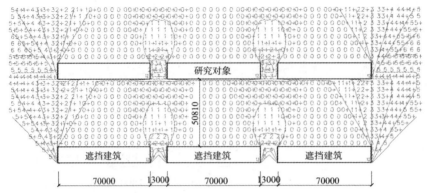

(a) 日照平面分析

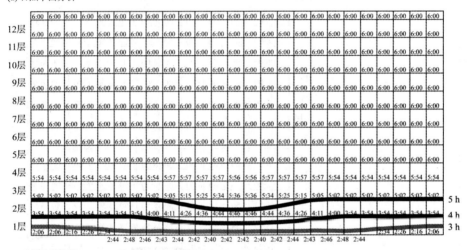

(b) 日照立面分析

图 3－17　长板式 12 层住宅建筑日照分析

24 m(表 3－6)。建筑间距 $L=24$ m 冬至日底层窗户的日照分析如图 3－20(a)所示。中间住户刚好可以满足冬至日满窗日照连续 1 h 要求,其余住户均可以达到 2 h 以上的满窗日照条件。研究建筑的南向立面日照时长,中部竖向区域除顶上 5 层外,其余楼层均达不到 4 h 日照,遮挡高度达 32.2 m,即 13 层中部以下这部分区域均不宜设置集热器。

2) 点式＋板式

板式住宅的"点式＋板式"布局,建筑间距按 $L=24$ m 分析北向设置的冬至日日照情况见图 3－21(a)。满足冬至日满窗日照连续 1 h 要求,应用天正日照软件进行南立面日照时长分析(图 3－21(b))。南向立面中部竖向区域除顶上 5 层外,其余楼层达不到 4 h 日照,遮挡高度达 32.3 m,即近 13 层立面中部以下区域均不宜设置集热器。

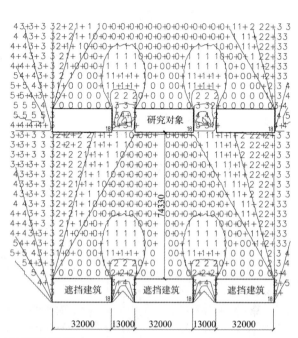

(a) 日照平面分析

图 3 - 18　短板式 18 层住宅建筑日照分析　(b) 日照立面分析

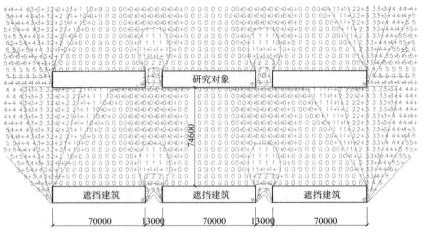

(a) 日照平面分析

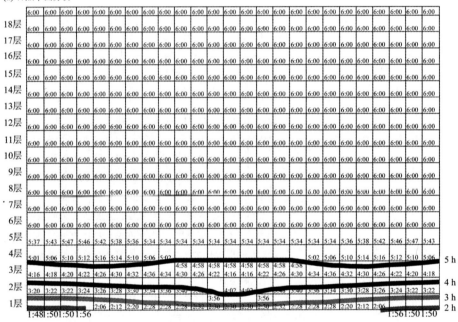

(b) 日照立面分析

图 3-19　长板式 18 层住宅建筑日照分析

表 3-6　　　　　　　　　　　高层住宅南北间距有关规定

1989 年版本规定	1994 年版本规定
1. L≥24 m; 2. L≥南侧高层建筑高度的 1/2; 3. 北侧居室冬至日满窗日照的有效时间不少于连续 1 h; 4. 在旧区改造中,执行第 2 项规定确有困难的,在符合第 3 项规定的前提下,间距可以适当缩小,但必须满足第 1 项要求	1. L≥24 m; 2. L≥南侧高层建筑高层的 1/2; 3. 北侧居室冬至日满窗日照的有效时间不少于连续 1 h; 4. 以上 3 项必须同时满足

　　5. 多栋 18 层塔式建筑及多塔式 18 层住宅群成单排东西向布置

　　根据规划要求,通过软件模拟,多塔式建筑间距按冬至日满足连续 1 h 日照,需要的间距最小 $L=$ 69 m,冬至日底层窗户的日照可以满足冬至日满窗日照 1 h 要求(图 3-22)。南立面日照时长,日照等时线呈平缓的凸起,在 4.2～7.7 m 高度处,即 2 层半～3 层半,在此等时线以上的外墙面可以达到连续 4 h 日照,以下的区域均达不到 4 h 日照。对于北向布置塔式住宅,研究对象建筑的南向立面上日照等时线也为平缓的凸起(图 3-23),在 2.7～7.7 m 高度处,即近 2 层半～3 层半,此等时线以上的外墙可以达到连续 4 h 日照,以下的这部分区域均达不到 4 h 日照时长。

3.3.2　自遮挡研究

　　建筑立面日照除了会被周围的建筑遮挡外,还会由于自身形体的凹凸遮挡日照,因此需要对典型的住宅平面进行自遮挡分析。研究中假设周围没有其他建筑物或其他物体的遮挡,仅考虑自身南立面接受太阳能的时长。考虑的时间也是冬至日全天的日照情况。

　　1. 板式

　　1) 南向墙面凹进的板式住宅

　　对于住宅建筑南墙面凹进的墙面的自遮挡分析见图 3-24,南立面在凹进宽 2.4 m,深 1.5 m 时,至少会被遮挡 2 h。靠近凹处 0.6 m 处会被遮挡 3 h。

　　2) 南向墙面凸起的板式住宅

　　对于住宅建筑南墙面半凸进的墙面的自遮挡分析见图 3-25,南立面在凸宽 4.1 m,深 0.68 m 时,距凸起处 0.7 m 处会被遮挡 2 h。

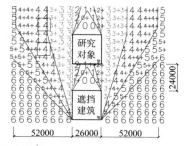

(a) 日照平面分析

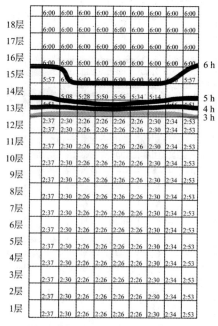

(b) 日照立面分析

图 3-20　"点十点"单栋塔式住宅建筑日照分析

87

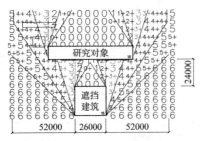

(a) 日照平面分析

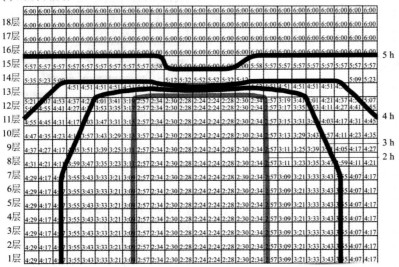

(b) 日照立面分析

图 3‑21 "点＋板"单栋塔式住宅建筑日照分析

2. 塔式

1) 一梯四户塔式住宅

对于一梯四户塔式住宅自遮挡分析见图 3‑26,北侧住户的南立面要比南侧住户退后约 10.5 m,越靠近凸起的南立面(②南立面)被遮挡的越多,冬至日只有近 2 h 的日照时长,被遮挡 4 h;而远离的凸起的③南立面会被遮挡 2～3 h。

2) 一梯六户塔式住宅

一梯六户的塔式住宅可根据展开的面宽分 3 种类型,这里分别对其进行自遮挡分析。

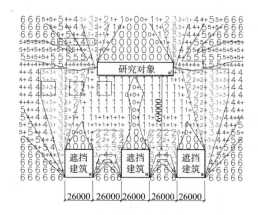

(a) 日照平面分析

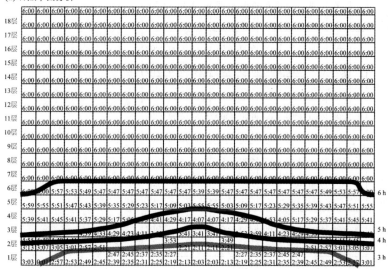

(b) 日照立面分析

图 3 - 22　多栋塔式住宅建筑日照分析一

（1）典型平面一

对这种类型的日照时长分析见图 3 - 27,退后的两翼南向墙面分别日照时长为 4 h 和 3 h,即冬至日会被遮挡掉 2～3 h 的时间。

（2）典型平面二

典型平面二塔式住宅的日照时长分析见图 3 - 28,退后的两翼南向墙面(见②、③南立面)分别日照时长为 4 h,即冬至日会被遮挡掉 2 h。由于典型平面一有所展开,被遮挡的情况稍少些,但差别不大。

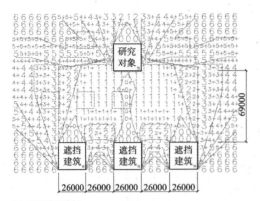

(a) 日照平面分析

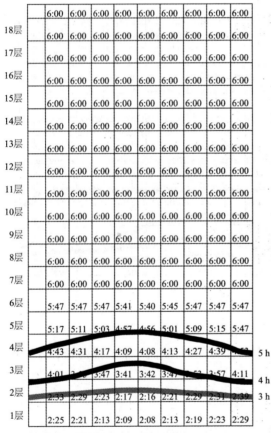

(b) 日照立面分析

图3-23 多栋塔式住宅建筑日照分析二

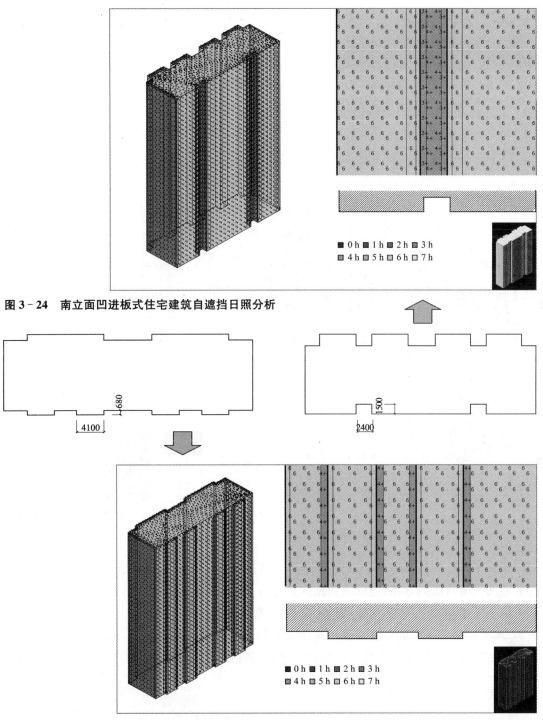

图 3‑24　南立面凹进板式住宅建筑自遮挡日照分析

图 3‑25　南立面凸起板式住宅建筑自遮挡日照分析

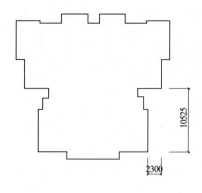

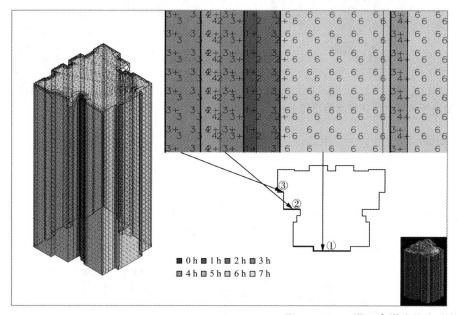

图 3-26 一梯四户塔式住宅建筑自遮挡日照分析

（3）典型平面三

典型平面三的日照时长分析见图 3-29,建筑呈弧线展开式,因此前面的两翼南向凸起的墙面没有自遮挡,而后退的两翼南立面只有 2 h 日照时间。

综上所述,塔式住宅平面退后的南立面一般距最前的南立面在 10 m 以上,自遮挡大致为 3~4 h,展开两翼的布置虽然会减少遮挡但只有较少的面能满足 4 h 日照时长,实际情况除了自身的遮挡还会有周围建筑物的遮挡,所以底层的住户能满足 4 h 日照时长比较困难。

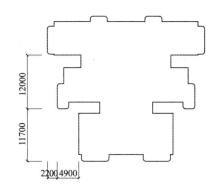

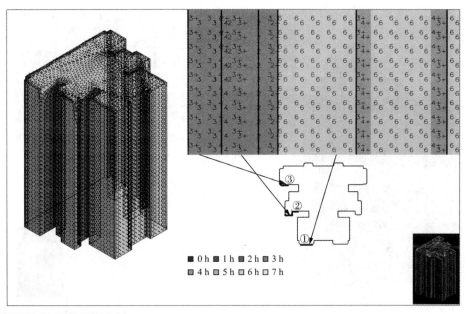

图 3-27　典型平面—自遮挡日照分析

3.3.3　观测比较

2008 年 2 月 21 冬至日对上海大唐盛世花园一期的 3 栋住宅建筑日照情况进行观测，总平面布局见图 3-30。

对 3 个研究对象南立面 8:00~15:00 每隔 1 h 进行拍照记录。研究对象 1 为 18 层塔式住宅，被遮挡情况见图 3-31，与南侧 30.1 m 处同高度和样式的 18 塔式住宅 9:00~10:00 基本没有遮挡，说明塔式住宅由于建筑宽度小，基本能满足冬至日连续 1 h 日照要求，但是 11:00~15:00 建筑 13 层以下南立面一直被遮挡，无法满足连续或累积日照 4 h 太阳能最佳采集的时长，这与前面"点式＋点式"软件模拟结果相吻合。说明在利用太阳能时，塔式住宅不宜采用行列式布置，可采用错列式布局以更好地采集太阳能。

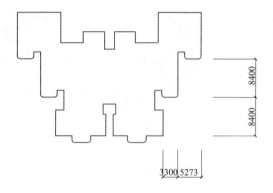

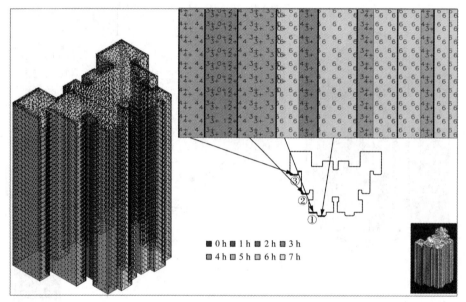

图 3-28　典型平面二自遮挡日照分析

研究对象 2 的南立面被遮挡情况见图 3-32 所示,其南侧 38.86 m 布置有 6 栋单元拼联板式住宅,这一距离相当于 11 层住宅高的 1.22 倍。据观测,9:00～11:00建筑 2～3 层一直处于被遮挡的状态;12:00～15:00无遮挡,可满足冬至日连续 1 h 日照要求,但没有满足 4 h 日照时长。研究对象 3 与 2 并列,其南立面仅13:00～14:00有 1 h 不被遮挡,见图 3-33。以上结果与 3.3.1 板式住宅软件模拟的结果相吻合,底层被遮挡的比较严重,说明南侧建筑越长,对北侧住宅底层住户的遮挡越大。

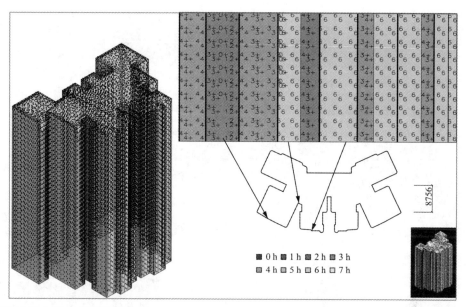

图 3‑29　典型平面三自遮挡日照分析

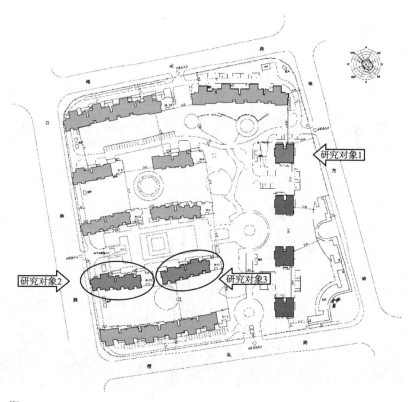

图 3‑30　大唐盛世花园一期

图 3－31 研究对象 1 南立面日照情况

图 3-32 研究对象 2 南立面日照情况

全景

9:00

10:00

11:00

12:00

13:00

14:00

15:00

图 3-33　研究对象 3 南立面日照情况

3.3.4　全年日照情况分析

1. 板式住宅的全年日照分析

板式住宅冬至日的日照时长,已在 3.3.1 节讨论过,这里对多层住宅(图 3-34)和高层住宅(图 3-35)进行春秋分、夏至日的日照分析,按目前的规划间距布置,住宅的南立面除冬季南侧建筑会对北侧建筑有遮挡,其他季节没有遮挡。

2. 塔式住宅的全年日照分析

单塔式住宅的春秋分时 4 层以下中间部分达不到 4 h 日照时间;但夏至时分没有遮挡(图 3-36)。多塔住宅的春秋、夏至的北侧住宅没有遮挡(图 3-37)。

3. 结论

(1) 板式建筑的长度与高度比值对日照的影响较大。通过计算分析,在满足日照规范要求的情况下,建筑长度越长,对北侧楼的遮挡越大。长高比大的建筑,满足不了底层满窗日照冬至日 1 h(或冬至日连续日照 1 h)的要求,限制并缩小了南向立面上放置集热器的范围。因此,在建筑布局中,宜尽量布置短板式住宅,避免超长板式住宅。

(2) 塔式建筑在满足日照规范要求的日照间距情况下,均可以满足冬至日 1 h 日照要求,甚至日照条件非常充足,大部分立面可达冬至日 2~3 h 的日照条件。但在满足日照要求的情况下,北侧建筑设置集热器应满足连续 4 h 日照要求,板式建筑对北侧建筑的遮挡

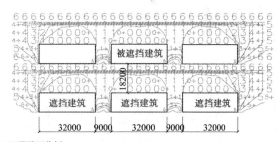

(a) 日照平面分析

图 3-34　多层板式住宅建筑春秋分日照分析　(b) 日照立面分析

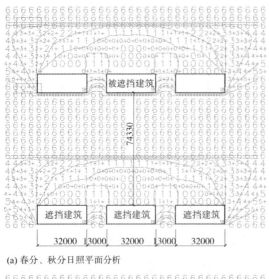

(a) 春分、秋分日照平面分析

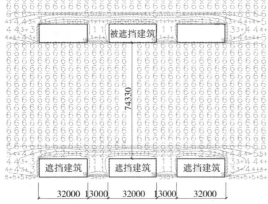

(b) 夏至日照平面分析

图 3-35 18 层板式住宅日照平面分析

小于塔式建筑。如果按照节地标准设计间距,塔式住宅南立面在冬季被遮挡较为严重,只有顶部几层能满足累计日照 4 h 的要求。

(3) 根据《上海民用热水系统应用技术》(DGJ08-2004A-2006)要求,建筑设计应满足太阳能热水器年均每天日照时数有不少于 4 h 的要求。通过全年各季分析,除了单塔式布局冬至日有被遮挡的情况,其余季节都不会有遮挡,即冬至日是最不利的时节。据统计,上海近年的全年日照时间大致为 1 416.6～1 929.6 h,年平均为 1 666.2h,平均每天 4.6 h 日照时间。说明在上海地区太阳能集热器安装在建筑屋面、阳台、墙体、雨棚或其他部位,要满足年均每日不少于 4 h 日照时数的要求,不应有任何遮挡物遮挡阳光,并且通过分析冬至日的遮挡情况,能够判定全年日照是否能满足规范要求。

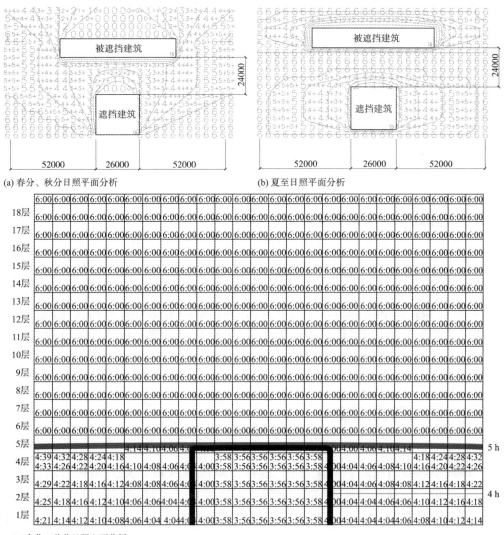

(a) 春分、秋分日照平面分析　　　　　　　(b) 夏至日照平面分析

(c) 春分、秋分日照立面分析

图 3－36　18 层塔式住宅日照分析

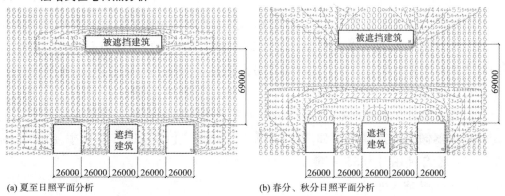

(a) 夏至日照平面分析　　　　　　　　(b) 春分、秋分日照平面分析

图 3－37　18 层塔式住宅平面日照分析

第4章 高层住宅建筑单体与太阳能系统整合设计

4.1 建筑造型与采集器布置

无论选择哪种形式的太阳能系统,太阳能采集器是必需的。也就是说,为了利用太阳能,无论是将太阳能"收集"、"储存"、再"分配"的热利用系统;还是光电板接受太阳辐射,将热转换成电的形式的光电系统,太阳能的采集都是最为关键的。这里我们将用来采集阳光的设备"集热器或光电板"统称为采集器。由于阳光每时每刻都在变化,所以太阳能采集器的形式、朝向、角度、材料、面积大小是决定收集太阳能效率的关键因素。

4.1.1 集热器的设置要求

1. 集热器的朝向

通常集热器的最好朝向是正南方,可以最大限度地获得太阳辐射能。若在使用上必须有偏东或偏西的要求,或在地形上不能满足正南时,偏东 20°到偏西 20°朝向也为适合范围(图 4-1)。其偏移角度不得太大,否则将影响集热器表面的太阳能辐射强度。

2. 集热器的倾角

集热器的最优倾角是所处地理纬度和太阳能集热器用途的函数。集热器与日照方向垂直时效率最高,但随季节、时间的变化,日照方向、强弱也在变化,而大多数情况下,那些跟踪式集热器又太复杂。为了使集热器最高效地将太阳能转化成热能,集热器安装位置不应有建筑物和树木遮挡,特别是 9:00~15:00 时间段更为重要。

固定式集热器倾角的确定,以正午时太阳光垂直照射在集热器采光面上为原则。固定式集热器倾角的选择范围如图 4-2 所示,一般在上海地区春夏秋季使用时,倾角为 20°~25°;全年使用时为 35°~40°。

3. 集热器的尺寸

集热器的面积大小取决于很多因素,如加热类型(家庭热水、室内采暖)、热需求量、气候、采集系统的效率等。高层住宅建筑中的集热器安装面积取决于建筑南立面的可利用

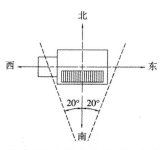

图 4‑1　集热器朝向及允许偏离南向角度范围

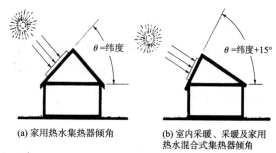

(a) 家用热水集热器倾角　　(b) 室内采暖、采暖及家用热水混合式集热器倾角

图 4‑2　集热器倾角设置

墙面面积大小,但高层住宅建筑中集热器的安装不可能利用所有的南墙面面积,因为这样不仅会对整个系统造成混乱,而且对建筑的整体外观造成负面影响。集热器面积可适当加大,以补偿倾角和朝向的不足及表面积被部分遮挡等不利情况。表 4‑1 列举了一般集热器的需要面积和最佳角度。应注意的是,表中数值为实际的集热面积,它们是通常集热面积的 60%～80%。这样,就可保证在晴天后第二天遇到阴雨时,靠蓄热来补偿供暖、供热水负荷的 60%;而在晴天则可按 100%的供冷暖负荷,来保证一整天的供冷和供暖。但是最后设计时,必须进行计算。

表 4‑1　　　　　　　　供冷暖面积和集热器面积关系

用　　途	最佳倾斜角	需 要 面 积
供暖、供热水	纬度－(15°～25°)	供暖面积 40%以上
供冷暖、供热水	纬度－(10°～15°)	供暖面积 80%以上
热泵供(冷)暖	纬度－(15°～25°)	供暖面积 20%以上
供热水专用	30°～45°	2～6 m²

4.1.2　光电板的设置条件

1. 光电池

光电池是由可直接将光能转化为电能的晶片制成,有时也称光电元件或太阳能电池。单晶元件的效率最高,但是价格也最贵。为了降低造价,研制了多晶硅元件和薄膜光电元件。薄膜光电元件是由非晶硅、二硒化铜铟或碲化钙制成。虽然这些元件的光电转化效率(约 8%)只是单晶硅元件的一半,但在太阳能采集器不受限制的地区,它们较低的造价补偿了以上缺点。更多的研究致力于提高它们的光电转化率,在实验室中,目前转化率最高可达 33%。因为光电元件小而易碎,且只产生少量的电能,人们把它们组合成组件。这些组件有很多规格,但为了便于加工,它们一般小于 3 英尺(0.91 m)宽,5 英尺(1.52 m)长。有些组件有被组装成排板,甚至更进一步被组装成阵板(图 4‑3)。

2. 光电系统设计准则

按照以下设计准则将获得光电系统的最大效益：

（1）使用光电建筑一体化节约资金并增加美感；

（2）根据季节不同，结合建筑屋顶坡度选用适当倾角使效率最大（图4-4），不同的朝向和坡度，光电转换的效率不同，南向为最佳（图4-5）；

（3）确定对光电板的遮挡在最低范围；

（4）低温元件比高温元件效率更高，光电板背后通风为光电组件降温，可以减少效率损失（图4-6），而在冬季可利用这些热能；

（5）避免光电阵板水平放置，积灰、积雪会影响其效率。

4.1.3 建筑造型与太阳能系统设计

体形和体量处理是住宅单体造型设计的基础。由于住宅类型不同而呈现多种样态，比如独立式、并联式和联排式低层住宅的体量特征是小巧、丰富；多层、高层住宅则体量较大，体形相对简单，并有较强烈的节奏感。虽然各自特征不同，处理手法有异，但仍有一些共同遵守的原则。在功能和结构合理的基础上，基本要素巧妙地结合成为一个有机的整体，才能使其具有完整统一的效果。住宅建筑的造型要素较为单一，但通过体量的虚实、

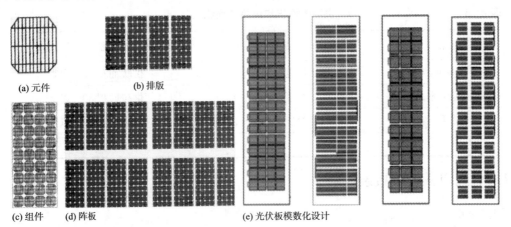

(a) 元件　　(b) 排版

(c) 组件　(d) 阵板　　(e) 光伏板模数化设计

图4-3　光电池

炎热气候，争取年产量最大；
θ=纬度-15°

温和气候，争取冬季产量最大；
θ=纬度

寒冷气候，争取夏季产量最大；
θ=纬度+15°

图4-4　光电阵板倾角设置

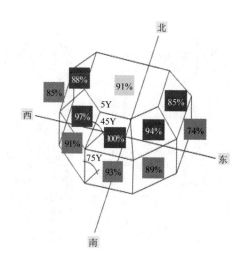

图 4-5　不同位置光伏发电效率

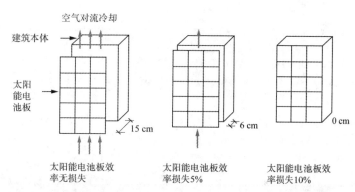

图 4-6　空气层厚度与发电效率

凹凸和组构仍然能够塑造特征鲜明、造型优美的住宅产品。一栋住宅建筑,其体量组合要达到完整统一,需要建立起一种秩序感,这种秩序感首先来自于平面布局的条理性,反映在住宅立面上就是建筑的体形和体量组合的条理性。住宅建筑与太阳能系统的整合设计,同样要遵守这种条理性,避免无秩序状态,产生丑陋的建筑形象。

1. 屋顶样式

建筑屋顶已被建筑界称为建筑的"第五立面",其受建筑师的关注程度可见一斑。在林立的高层住宅建筑中,屋顶形式非常丰富。

较为常见的屋顶形式是平屋顶和斜坡屋顶(图 4-7),多为小高层住宅采用的屋顶形式,是由多层住宅发展而来的样式。由于目前高层住宅内部空间的组织方式大同小异,从而使得立面反映出的风格较为雷同。为了在造型上有所变化和突破,近年来上海高层住宅顶部采用形态各异、奢华而富有韵律的飘板等手法已非常普遍,这些飘板大多是开发商追求标新立异的视觉效果(图 4-8)。如果将这些飘板与太阳能利用良好的结合,将产生一种具有能效意义的新视觉效果。

(a) 黄兴花园高层住宅屋顶

(c) 鞍山小区高层住宅屋顶

(d) 虹桥区域高层住宅屋顶

(b) 东银名苑高层住宅屋顶

(e) 文化佳园高层住宅屋顶

图 4-7 高层住宅斜坡顶形式

(a) 清华大学水湾高层住宅屋顶

(b) 东方城市花园一期高层住宅屋顶

图 4-8 高层住宅飘板屋顶样式

2. 墙面形式

高层住宅立面设计为获得更广的视野和加大室内的空间感,立面多采用凸窗,但凸窗同时也加大了围护结构的表面积(图 4-9)。凸窗左右相连或上下相连(图 4-10),相连处可设置空调,以增加横向或竖向的线条,丰富立面,也增加了立面的整体感。而这些相连处也可成为太阳能采集器的安置部位。

3. 阳台形态

阳台的形式多样,创造着变化的视觉效果,或为流动的曲线,或不同样式的栏杆,或凹凸的体量,阳台形式重复地运用形成不同的韵律,丰富着立面的层次(图 4-11)。突出的阳台由于不受遮挡,是采集太阳能的较好位置。

(a) 书香公寓高层住宅拐角凸窗

(b) 黄兴花园高层住宅凸窗

图 4 - 9　高层住宅独立凸窗形式

(a) 高层住宅凸窗左右相连

(b) 高层住宅凸窗上下相连

图 4 - 10　高层住宅相连凸窗形式

图 4 - 11　阳台样式

4. 建筑造型与太阳能系统

太阳能集热器在建筑外立面的不同安装位置，影响太阳能系统的选择和规划，建筑造型设计与太阳能系统选择见表 4 - 2。

表 4 - 2 建筑造型设计与太阳能系统选择规划

类别	位置	日照情况	剖面图例	造型	使用条件	利用方式
屋顶	平屋顶	被遮挡少	阵列式 水平整体支架式 倾斜整体支架式		1. 屋顶面积有限,楼层过高不易满足全部住户供热水要求; 2. 高层住宅电梯间通常凸出屋顶,对造型要求较高; 3. 集热器倾角设置选择范围大,效率可取最佳值; 4. 维修和安装比较方便	集中系统或集中-分散系统
	坡屋顶	南坡接受太阳辐射好			1. 可利用南向坡面,整体要求高,构造做法较复杂; 2. 集热器的角度要配合坡屋顶设置,没有平屋顶自由; 3. 适于多层建筑; 4. 坡顶下可设储水箱	集中系统或集中-分散系统
	其他屋顶	水平飘板冬季接受太阳辐射少			1. 造型新颖,符合创新设计要求,彰显个性; 2. 集热设备需特制,角度不是最佳利用会损失效率; 3. 维修和安装比较方便	集中系统
竖向立面	阳台	夏季接受太阳辐射少	竖直布置 倾斜布置		1. 住宅层数超过 12 层可考虑竖向界面利用太阳能; 2. 每户设置太阳能集热板面积有限; 3. 结合阳台栏杆布置,易于立面协调	单机入户的分散式系统

续表

类别	位置	日照情况	剖面图例	造型	使用条件	利用方式
竖向立面	墙体	夏季接受太阳能辐射少			1. 由于开窗面积较大,可利用的墙面面积有限; 2. 应解决集热板的维修和安全问题; 3. 集热器采用倾斜布置,与建筑要整体协调统一; 4. 底层立面墙体不宜布置集热器;若设置时,要加大集热面积进行补偿,或建筑布局上加大建筑间距或采用错列式布置	单机入户的分散式系统
	窗下墙	夏季接受太阳能辐射少			1. 垂直布置损失些许集热; 2. 结合建筑安装构造,可利用的面积减少; 3. 构造复杂; 4. 可与凸窗结合布置	单机入户的分散式系统
	遮阳板				1. 遮阳与集热一体化; 2. 挑出不易过大,避免采光的遮挡; 3. 活动的遮阳板构造复杂,但可满足夏热冬冷地区对太阳光照的不同需求	单机入户的分散式系统

4.2 建筑平面组织与太阳能直接利用

4.2.1 直接受益式阳台设计

高层住宅主要的平面类型为塔式和板式。建筑的平面设计应考虑阳光的辐射,合理的布置建筑南向采光可以均衡每一个空间的热损耗。

南立面阳台在竖向空间的位置直接影响室内太阳能辐射的状况。图 4-12 为高层住宅阳台在冬季与夏季室内太阳辐射的情况,可见小进深内、外阳台或大进深部分在内部的阳台(注意上层无挑出物遮挡),既可以春分到夏季时遮挡阳光,又可保证冬至到春分季节的室内获得充足的阳光辐射,使阳台成为气候的缓冲空间,是高层住宅设计中宜选择的形式。

4.2.2 平面与通风组织

上海居民认为有穿堂风的户型居住更舒适、更有利于健康[31]。高层住宅中利用封闭阳台在作为太阳房获取太阳能的同时,与通风系统相结合,合理组织气流,能给居室带来

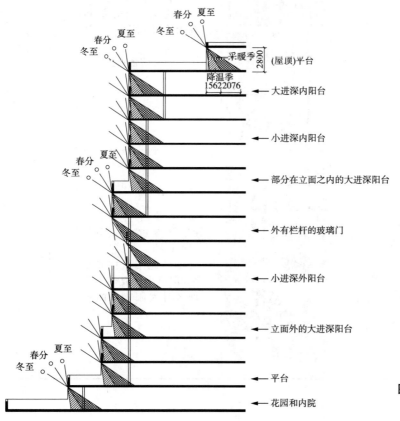

图 4-12 高层住宅各种南向阳台日照分析

110

温暖,也改变其湿冷的状况。为了防止夏季室内过热,太阳房设置对外排气孔是必要的,如图 4-13 所示,进风孔的面积应是南向玻璃窗面积的 5%,排风孔的面积也是 5%。如果安装了排风扇,可适当减小洞口的面积。在冬天,为了住宅的采暖,在住宅与阳台之间的共用墙上可以开门、窗等洞口。所有这些门、窗、洞口的面积总计至少应该达到玻璃窗面积的 10%,当然大些的洞口更好。

4.3　建筑平面布局与太阳能热水系统

通常太阳能热水系统主要由集热器、储存系统、循环系统、控制系统和辅助能源系统组成,如何采集足够的太阳能热,并将其储存起来加以分配,以及如何选择辅助加热系统,对于太阳能的有效利用都尤为重要。

4.3.1　太阳能热水系统的设置要求

1. 集热器的设置

(1) 太阳能集热器的安装不得影响该部位的建筑功能,应与建筑统一设计;

(2) 集热器的安置角度应按全年的使用效果设计;

(3) 集热器与主体建筑应有可靠的连接,位置的设定应考虑维修和更换。

2. 贮水箱的设置

(1) 贮水箱宜布置在室内;

(2) 设置贮水箱的位置应具有相应的排水、防水措施;

(3) 贮水箱上方及周围应有安装、检修空间,即贮水箱如放在室内,周围除留出设备空间外,还要留 0.5 m(一人)的操作空间,上部距建筑至少 0.6 m。

3. 管道设置及选材技术

(1) 太阳能热水系统的管线应有组织布置,做到安全、隐蔽、易于检修;

(2) 新建工程竖向管线宜布置在竖向管道井中,在既有建筑上增设太阳能热水系统或改造太阳能热水系统应做到走向合理,不影响建筑使用功能及外观;

(3) 太阳能热水系统的管线不得穿越其他用户的室内空间,尤其是住宅建筑太阳能热水系统的管道不应穿越卧室,穿越起居室应采取有效的防水措施。

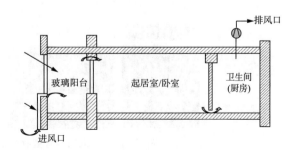

图 4-13　太阳房与通风组织的结合

4. 辅助能源系统的设置

（1）建筑设计中应留有相应的位置，满足其技术要求；

（2）辅助热源宜靠近贮热水箱（罐）设置，并便于操作、维护；

（3）电辅助加热设置可直接安置在贮水箱内；

（4）附加燃气热水设备，应安装在直接对外的通风换气的厨房或非居住房间内，但严禁安装在浴室（平衡式热水器除外）。

4.3.2 板式住宅典型平面分析

1. 一梯两户板式住宅

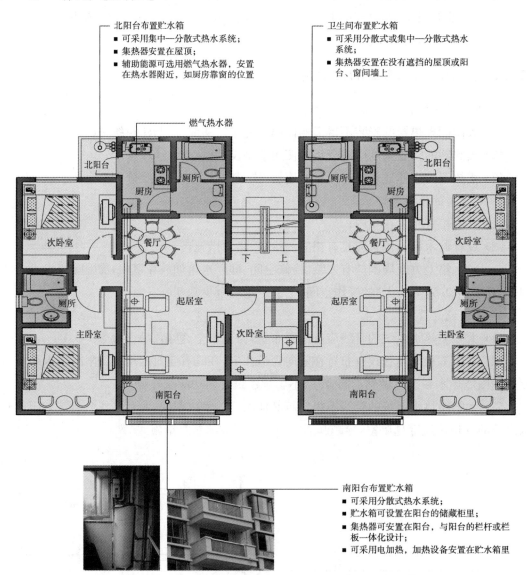

图 4 - 14　一梯两户板式住宅太阳能系统布置考虑因素

2. 一梯三户板式住宅

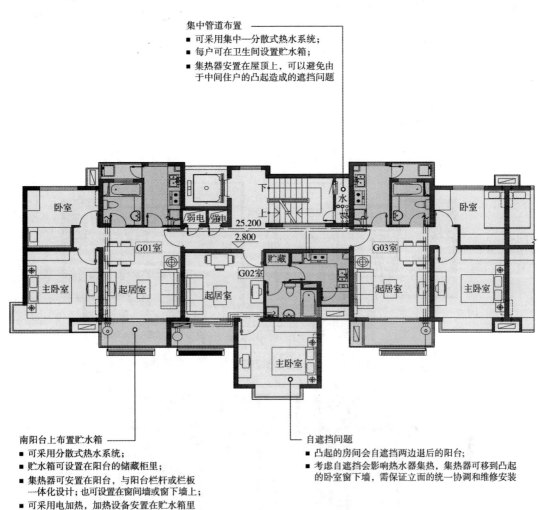

图 4‑15　一梯三户板式住宅太阳能系统布置考虑因素

集中管道布置
- 可采用集中—分散式热水系统；
- 每户可在卫生间设置贮水箱；
- 集热器安置在屋顶上，可以避免由于中间住户的凸起造成的遮挡问题

南阳台上布置贮水箱
- 可采用分散式热水系统；
- 贮水箱可设置在阳台的储藏柜里；
- 集热器可安置在阳台，与阳台栏杆或栏板一体化设计；也可设置在窗间墙或窗下墙上；
- 可采用电加热，加热设备安置在贮水箱里

自遮挡问题
- 凸起的房间会自遮挡两边退后的阳台；
- 考虑自遮挡会影响热水器集热，集热器可移到凸起的卧室窗下墙，需保证立面的统一协调和维修安装

4.3.3 塔式住宅典型平面分析

1. 一梯四户塔式住宅

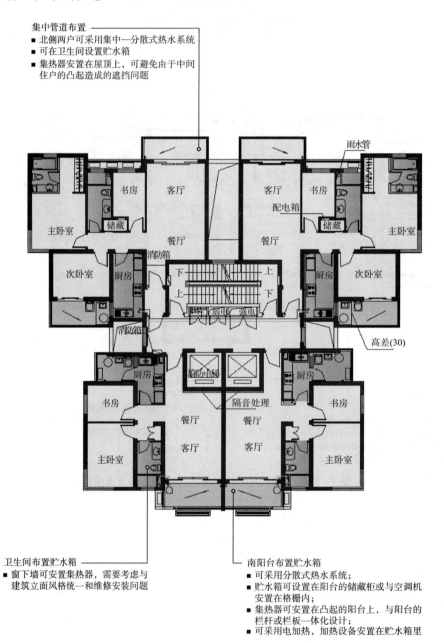

图 4‑16　一梯四户塔式住宅太阳能系统布置考虑因素

2. 一梯六户塔式住宅

1）典型平面一

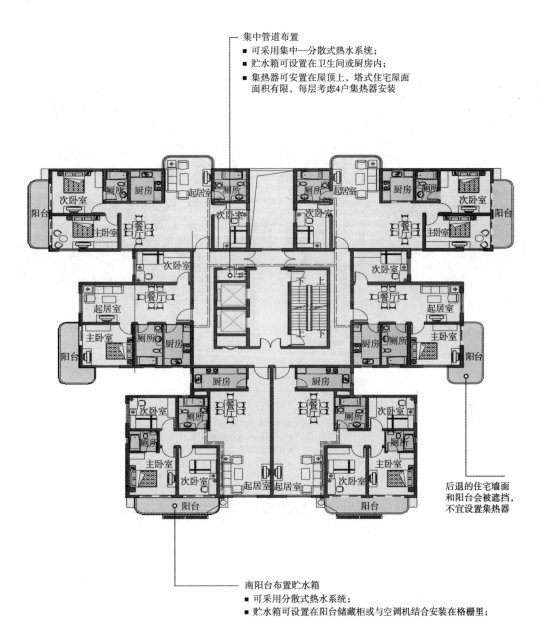

集中管道布置
- 可采用集中—分散式热水系统；
- 贮水箱可设置在卫生间或厨房内；
- 集热器可安置在屋顶上，塔式住宅屋面面积有限，每层考虑4户集热器安装

后退的住宅墙面和阳台会被遮挡，不宜设置集热器

南阳台布置贮水箱
- 可采用分散式热水系统；
- 贮水箱可设置在阳台储藏柜或与空调机结合安装在格栅里；
- 集热器可安置在阳台上，与阳台的栏杆或栏板一体化设计；
- 可采用电加热，加热设备安置在贮水箱里

图 4－17　一梯六户塔式典型平面一太阳能系统布置考虑因素

115

2）典型平面二

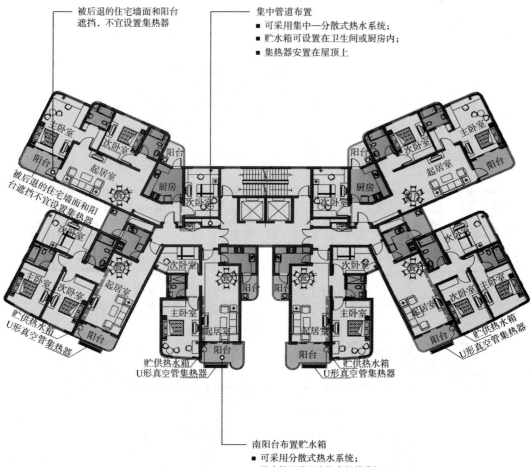

图 4‑18　一梯六户塔式典型平面二太阳能系统布置考虑因素

第5章　高层住宅建筑外界面整合设计研究

5.1 屋顶太阳能一体化设计

屋顶是建筑与外环境接触较大的外界面,也是建筑设置太阳能设备的最佳部位。建筑屋顶太阳能一体化设计不同的构造做法,各有优点和适用范围。这里主要列出它们各自在一体化设计中的特点和构造问题,并提出了一定的解决方法。

5.1.1 平屋顶的太阳能利用

1. 阵列支架式

阵列支架式是平屋面集热器布置中最常见、安装较简单的一种方式,其要求是将集热器按最佳倾角安装在设有基座上的单排支架上,集热器多排布置,支架间须留有足够的排间距($D \geqslant 1.4H$)。

平屋面的支架排列应整齐有序,互不遮挡。当成规模安装时,常将支架单元在屋顶组合成锯齿阵列或者在立面组合成百叶阵列,形成一种韵律。管线布置及施工安装方便,集热器及支架与屋面结构的连接技术难度相对较小,日常检修安全便利。

1) 系统

可采用太阳能热水系统的集中供热、集中–分散供热类型。

2) 限制因素

(1) 要求屋面面积必须满足根据计算所得的集热器所需的面积指标,假如屋面面积不能够满足集热器所需面积,太阳能热水系统的设置就将受到限制;

(2) 要求屋面女儿墙的高度不可太高,以免加大女儿墙与前排集热器的间距;也不能太低,使集热器外露,影响立面造型。

3) 一体化设计要求

(1) 在屋面女儿墙的高度满足建筑规范要求的前提下,计算前排集热器与女儿墙的间距;

(2) 根据行人视线角度,协调处理女儿墙与集热器的关系和高度,使集热器尽量不外露,以免影响立面造型。

4）适用范围

适用于多层、小高层（12层以下）居住建筑。

5）构造方式

阵列支架式构造简易、成本低廉、寿命期结束后容易更换。这种方式早期的应用常见于对现有建筑的屋顶进行主动利用太阳能的改造，尤其是户用的太阳能系统（图5-1～图5-3）。

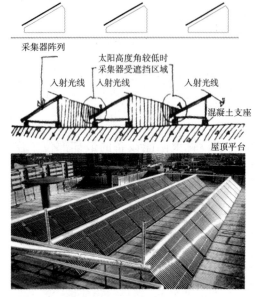

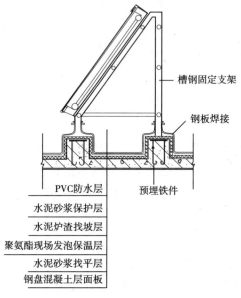

图 5-1　阵列支架式构造示意图　　　　图 5-2　阵列支架式支座构造

(a) 集热器阵列布置一

(b) 集热器阵列布置二

(c) 光电板阵列布置一

(d) 光电板阵列布置二

图 5-3　阵列支架式

2. 整体支架式

整体支架式是采用金属支架或混凝土支架搭建成有角度的大型支架,能够纵横连续布置集热器,有充分接受阳光的良好位置。由于没有单排排距间的宽度要求,此种布置形式相对增加了屋面可利用集热面积。方便管线布置,日常检修安全便利。尤其是混凝土支架在立面美观的前提下,其耐久性及安全性均优于金属支架,并且较大的柱间距还不影响屋面的其他设备布置。

1) 系统

可采用太阳能热水系统的集中供热、集中-分散供热等类型。

2) 限制因素

(1) 由于体型较大,对建筑立面有影响,因此前期的立面造型设计尤为重要;

(2) 屋檐处的造型不可外伸至墙外,必须外伸的应有必要的保护措施,杜绝集热器损坏坠落发生意外的可能。

3) 一体化设计要求

立面造型设计中,金属支架需要建筑、结构设计师共同完成,才能达到既美观又安全的设计需求。

4) 适用范围

适用于低于 18 层的居住建筑,尤其是改建增设太阳能热水系统的小高层或高层(12～18 层)。

5) 构造方式

构造方式如图 5-4 所示。

3. 屋架式

屋架式与支架式的不同之处是混凝土支架位于屋顶上方且无角度,呈水平状,混凝土支架需与建筑形式统一设计,以满足美观及一体化的要求(图 5-5)。

采集器的姿态可根据需要确定,可自由选择集光材料,因而建筑处理方式灵活、能效高。但总体坡度不宜过大,宜布置主要在小倾角状态下工作的光伏采集器。屋架式拓展了屋顶作为休憩空间的功能,扩大了住户的室外活动场所。同时减少屋顶材料反复热胀冷缩产生的疲劳与长期日晒雨淋产生的老化,显著延缓防水层失效。遮蔽太阳直射辐射并有利于通风、散热和隔热,实际效果则随不同的建筑热工设计分区而异。炎热季节可以借助气流降低光伏电池背面温度,避免发电效率的降低。

1) 系统

可采用太阳能热水系统的集中供热、集中-分散供热类型。

2) 限制因素

(1) 太阳能集热器单元模块必须与构架完美统一,这是建筑师与太阳能产品供应方的总体目标;

(2) 支架属于特制产品,有待形成模数制的构件现场组装,以便工业化生产和推广;

(3) 不利于承受较大的风荷载,在强风地区应谨慎采用;

(4) 支撑结构费用稍高,屋顶的绿化和小品布置也需要额外费用。

3) 一体化设计要求

立面造型设计中,太阳能采集器单元模块与构架的完美统一需要建筑师的精心设计,

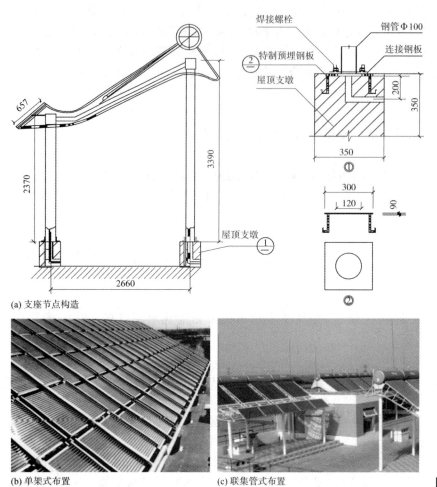

(a) 支座节点构造

(b) 单架式布置　　　　　　(c) 联集管式布置　　　　　　**图 5－4　整体支架式**

图 5－5　屋架式

其中与太阳能产品供应方的密切配合极为重要。

4）适用范围

适用于新建的小高层（12 层以下）、高层（12～18 层）居住建筑。

5）构造方式

屋架式的构造相对简单，但支撑结构体量在所有集成方式中是最大的。为了避免对屋顶结构层和防水层的影响及降低热桥作用，对于新建建筑，宜采用钢筋混凝土柱和在斜梁上辅以预埋螺栓作为支撑结构；而对已建建筑进行太阳能主动利用改造时，宜采用混凝土基座预埋螺栓轻钢结构作为支撑结构，为了减少屋面构造层在基座下端产生过大变形以致破裂，可在基座下加混凝土垫板（图 5 - 6）。不应采用破坏防水层的膨胀螺栓固定方

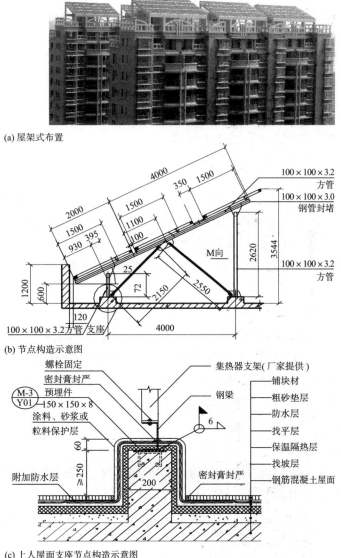

(a) 屋架式布置

(b) 节点构造示意图

(c) 上人屋面支座节点构造示意图

图 5 - 6　屋架式节点构造图

式和直接将轻钢结构与屋顶结构层钢筋相连的方式。

4. 个性屋架式

个性屋架式是将飘板与采集器结合,形成有收集太阳能作用的个性屋顶构架,在屋顶上专门制作用于安装太阳能采集器的大型钢结构飘板。钢结构飘板即要突出建筑的风格,又要求太阳能采集器能够合理均匀的平铺在钢结构上,同时还要保证采集器最佳的采光和集热效果。

1) 系统

可采用太阳能热水系统的集中供热、集中-分散供热类型。

2) 限制因素

(1) 太阳能集热器需要结合特殊的支架,角度的变化对集热效果会有影响;

(2) 造型需考虑安装和检修的问题。

3) 一体化设计要求

飘板设计尽量避免过于复杂的造型,选择接收太阳辐射多的形式。

4) 适用范围

适用于新建的小高层、高层(12~18层)住宅建筑。

5.1.2 坡屋顶的太阳能利用

1. 叠合式

叠合式是指采集器与建筑围护结构紧贴在一起的集成方式,仍以建筑围护结构完成采集器不具备的部分围护功能,根据与围护结构紧贴的程度,分为嵌入式和紧贴式。由于这种做法采集器背面紧贴围护结构,散热不会很好,因此真空管或平板采集器更适合采用这种方式。而光伏采集器若采用该方式,必须首先解决背面散热的问题。

1) 嵌入式

嵌入式采集器与屋面倾斜角度一致,嵌入屋面层,与屋面结合紧密,外观具有天窗的效果,采集器为平板式,立面效果较佳。目前常见的有两种做法:一是屋面结构层局部下沉;二是屋面局部仅取消屋面瓦及挂瓦条(图5-7,图5-8)。

设计时要充分考虑支架与预埋件的固定、采集器与坡屋面结合处排水及防水措施、管线隐蔽埋设及安装检修措施。

(1) 系统

可采用太阳能热水系统的集中-分散、分散供热等类型。

(2) 限制因素

建筑设计宜根据太阳能采集器接受阳光的最佳角度,来确定坡屋面的坡度,否则热效率将受屋面坡度的制约。

屋面基层结构较复杂,并给保温的连续性以及排水、防水均带来不利因素,施工亦有

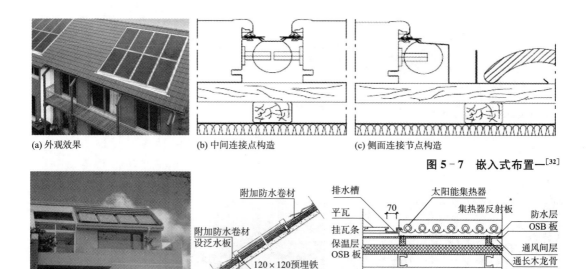

(a) 外观效果　　(b) 中间连接点构造　　(c) 侧面连接节点构造

图 5-7　嵌入式布置一[32]

(a) 外观效果　　(b) 节点构造（纵向）　　(c) 节点构造（横向）

图 5-8　嵌入式布置二

一定难度,因此出于保证屋面保温、防水必须满足设计及使用要求的慎重考虑,上海市标准图未编入此安装详图。

（3）一体化设计要求

建筑设计应尽量满足最佳角度,以满足太阳能热水系统的热效率;

屋面结构局部下沉,设计及施工中要保证保温层、防水层的连续性,处理好局部防水嵌缝,并协调好屋面排水及下沉部分排水统一性。

（4）适用范围

适用于多层居住建筑及别墅建筑。

2）紧贴式

紧贴式集热器略高于屋面。从与屋面结合角度看,不如嵌入式美观,但对建筑、结构带来的设计难度相对小,采集器在与屋面瓦（深蓝色）颜色一致的情况下,能够满足立面统一,但在与屋面瓦（橙色）颜色不一致的情况下,立面效果较差。采集器为真空管或平板式立面效果均可（图 5-9）。

（1）系统

可采用太阳能热水系统的集中-分散、分散供热等类型。

（2）限制因素

坡度问题同嵌入式屋面。

设计时若对支架与预埋件的固定、采集器与坡屋面结合处排水、防水措施、管线隐蔽埋设及安装检修措施考虑不周,将会出现相应安装不牢固、排水不畅或管线不隐蔽等隐患。

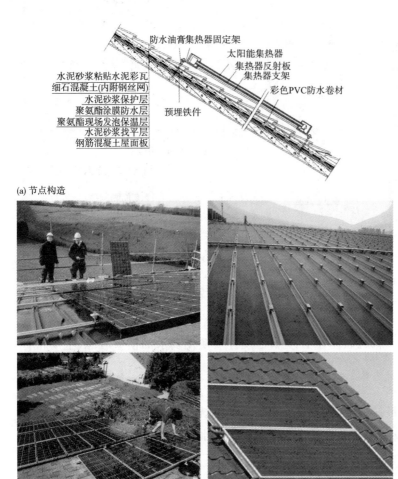

(a) 节点构造

防水油膏集热器固定架
太阳能集热器
集热器反射板
集热器支架
彩色PVC防水卷材

水泥砂浆粘贴水泥彩瓦
细石混凝土(内附钢丝网)
水泥砂浆保护层
聚氨酯涂膜防水层
聚氨酯现场发泡保温层
水泥砂浆找平层
钢筋混凝土屋面板
预埋铁件

（b）布置形式

图 5-9　紧贴式

因为屋面安装固定构件需穿过屋面防水层及屋面瓦,给建筑防水带来极大隐患,因此上海市标准详图未编入该做法。

（3）一体化设计要求

建筑设计应尽量满足采集器最佳角度,以满足太阳能系统的热效率。

设计时要充分考虑支架与预埋件的固定、集热器与坡屋面结合处排水通畅及相应的防水措施、管线隐蔽埋设及安装检修措施。

屋面安装固定构件穿过屋面防水层及屋面瓦处,用建筑防水膏嵌牢,并应定期检查补嵌。

（4）适用范围

适用于多层居住建筑及别墅建筑。

3）构造设计

（1）采集器贴于外界面上,看起来只是加厚了围护结构。对建筑形态影响不大,当建筑外装饰材料昂贵时,集光器是很好的替代装饰。

（2）如果采集器没有半嵌在底板中的真空管,只要保证足够管间间距,使其柱面接收辐射的有效截面不会减少,从而在立面上也可保持较高能效。

（3）如果采用平板采集器,虽然在立面能效不如真空管采集器,但其保温层可改善围护结构的保温及隔热性能。

（4）若不希望炎热季节产生过量热水,则叠合于屋顶的采集器倾角可设大些,但不便于在较平缓的屋顶上满铺,仅适合在屋脊、檐口上部、女儿墙等处进行局部叠合。

（5）由于辐射热能主要储存在保温水箱中而不被围护结构所直接吸收,因此屋顶的热水系统不仅较冷季节可做特朗布壁,炎热季节也可作为水冷系统保持屋顶温度不致过高。

2. 太阳能瓦

可将标准模块设计成屋面饰面板、饰面瓦,来替代传统屋面瓦（图 5-10,图 5-11）;或将标准模块设计为具有保温隔热构造、可替代部分屋面构造做法的屋面板;或将标准模块设计成与窗、采光天窗通用的模块。而将组合模块设计成与主体结构配套的整体建筑构件,则为需要大面积采集器的集中热水工程创造了良好的条件。

太阳能瓦的外观与传统瓦面在大小、颜色、形式上非常相近,可与建筑实现一体化,使其直接作为建筑构件,成为屋面组成部分,对建筑外观设计没有任何特殊限制,并且相对于传统的太阳能真空管,太阳能瓦造价更加低廉。瓦的内部改变流体结构,运用吸附、脱附技术在上下瓦之间完成集热与热交换。

屋面太阳能光热瓦是由常州河海工程有限公司首创,独立拥有专利技术,它将传统的建筑屋面瓦进行功能升级,使之具有采集太阳能的功能,实现太阳能采热器成为建筑元素之一。

图 5-10　太阳能瓦　(b) 屋面太阳能光热瓦(常州河海工程有限公司)

图 5 - 11 屋面光电瓦

1）系统

可采用太阳能热水系统的集中供热、集中-分散供热等类型。

2）限制因素

在安装和调试上建筑施工和太阳能热水系统安装分属两个行业。可能造成浪费和责任主体不清，投资加大。

瓦颜色为深蓝色，略显单一。

3）一体化设计要求

应由政府有关部门牵头，使建筑设计、施工和太阳能系统安装统一协调。

4）适用范围

适用于小高层（12层以下）居住建筑。

5.2　墙体太阳能一体化设计

5.2.1　墙体光热一体化

墙面太阳能集热器布置通常有两种形式,直立式和倾斜式(图 5-12)。

直立式是集热器与墙面平行,与墙面结合紧密,尤其是与空调室外机的结合,外观具有一定的装饰效果,但热效率低。倾斜式是集热器与墙面有一定的角度,外观装饰效果不如直立式,但接受太阳照射效果优于直立式,设计时要充分考虑支架与预埋件的固定、集热器与墙面结合处管道穿墙的防水措施、管线隐蔽埋设及安装检修措施。墙面的布置可采用太阳能热水系统的分散供热类型。

1. 限制因素

居住建筑南向的外墙面相对有限,因此一般只能选用太阳能热水系统的分散供热类型。设计中还应注意处理好与住宅阳台、外窗、空调机位等立面元素的关系。

(1) 集热器安装在建筑外墙,处理不妥会出现与室内贮水箱连接管线外露的缺陷;

(2) 若建筑外墙窗洞面积大,而墙面面积少,不能满足集热器面积要求,则不可选用此安装方式;

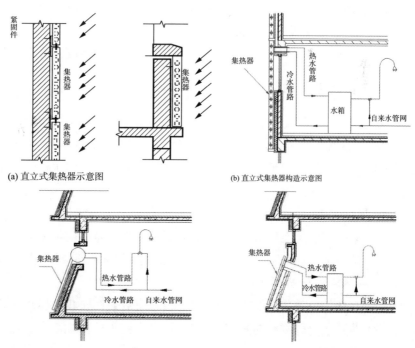

(a) 直立式集热器示意图　　　　　　(b) 直立式集热器构造示意图

图 5-12　墙面集热器构造　(c) 倾斜式集热器构造示意图　　　　(d) 倾斜式集热器构造示意图

（3）集热器安装在建筑外墙，有损坏坠落而发生意外的可能；

（4）如果集热器放置在南墙一侧，难以避免出现管线穿越居室，所以在设计时，应该事先确定管线的位置和建筑平面的布局，尽量避免室内有明管线穿过，以免影响居室环境。住宅南向窗之间、上下楼层的凸窗之间等都是安放太阳能集热器的可利用位置。

2. 一体化设计要求

（1）建筑和给排水专业配合设计使集热器与室内贮水箱连接管线隐蔽设置，避免外露；

（2）若建筑外墙窗洞面积大，相对墙面面积少，可选择在屋面、阳台等处的集热器安装方式；

（3）在建筑外墙按集热器长度分段增加挑板，对防止集热器损坏坠落有一定效果。

3. 适用性

图 5-13 直立式窗间太阳能集热器

适用于补充屋面安装集热器面积有限的高层居住建筑。

目前，上海许多高层住宅采用凸窗，而适于在凸窗下安装太阳能热水系统，设计方法及效果类似阳台式太阳能热水器，各户独立使用，区别在于集热器安装位置不同以及储水箱放置位置不同，安装方便，使用情况仅次于阳台式（图 5-13）。

5.2.2 女儿墙一体化

太阳能集热器设置在女儿墙上，可为建筑整体造型增添不同风格，也是建筑与太阳能系统结合一体化设计的一种方式。同时要总体考虑集热器面积以确定建筑物可否放置。还可结合斜檐式女儿墙（图 5-14）放置集热器，达到兼顾的效果。

1. 限制因素

（1）集热器安装在建筑外侧，有损坏坠落而发生意外的可能；

（2）若建筑外墙南向长度有限而不能满足集热器面积要求，则不可选用此安装类型。

2. 一体化设计要求

（1）在建筑外侧集热器安装处加长挑板，可有效防止集热器损坏坠落；

（2）若建筑物外檐南向长度有限时，可考虑在外墙面或阳台处加设安装集热器以满足集热器面积需求。

3. 适用性

适用于多层居住建筑。

5.2.3 墙体光电板一体化

墙体光电板一体化是建筑墙体与光伏器件相结合,即用光伏组件代替外墙,形成光伏与建筑材料集成产品,既是建材,又能利用太阳能资源发电,而且可以降低光伏系统造价。墙体光电板一体化覆面(图 5 - 15)适用于新建筑,可以为建筑的外观注入新的活力;在旧房改造中这种方式也尤为适用。

5.2.4 阳台栏板与太阳能集热板一体化

新型阳台式分体壁挂太阳能热水器,集热器可放置在阳台或外墙上,适合城市高层不方便安装普通太阳能热水器的用户,也可放置在建筑屋顶平台上,自控集热水箱,预留电加热接口,满足家庭洗涤、洗浴等用热水需求。阳台式热水器安装方便,与阳台的结合方式多样,较易与建筑立面造型结合设计,能产生不同的视觉效果,优点明显,除传统太阳能热水器外,目前阳台式太阳能热水器在住宅建筑中使用普遍。

在集热器角度的设计上,根据太阳高度角,集热器作为阳台栏板,最理想的安放角度为 45°,最大不要超过 60°。但是由于角度太小,阳台出挑过多,对下层住户采光有影响,且不利于建筑造型,为了保证集热器的冬夏集热效果、建筑功能的合理及建筑造型的美观,综合评价得出:多层住宅中采用 50°倾角,高层住宅中采用 60°倾角较合适。且集热器可作

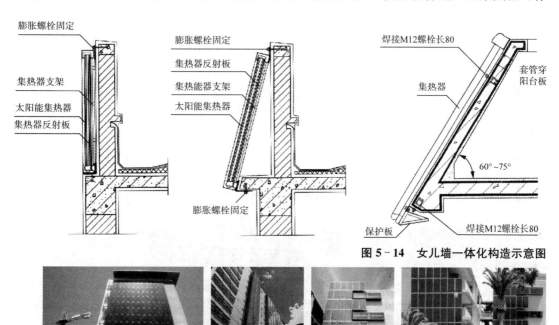

图 5 - 14 女儿墙一体化构造示意图

图 5 - 15 墙体光电板一体化

为阳台栏板台,栏板台的平面宽度为 180~200 mm(图 5 - 16)。

另一种处理方式是在阳台一侧采用长度为 1 m 的太阳能集热管,横向排列通高布置,相邻两个阳台组合比例适当,与横向太阳能集热器结合进行建筑立面处理,水箱放在阳台内被遮挡的位置(图 5 - 17),满足了集热装置与水箱的最短距离的要求。此种 1 m 长集热管所构成的建筑构件化集热器,竖向排列布置可用来做阳台栏板,能呈现出独特的太阳能建筑形式。

采用太阳能集热板同样可以在阳台设计上寻求丰富的建筑造型变化。济南装备部的阳台壁挂太阳能工程,直接将集热器嵌入到阳台栏板上,储水箱置于阳台上,外观简洁大方(图 5 - 18)。济南干休二所的阳台上,安置有一定倾角分体式太阳能集热器(图 5 - 19)。从全年最大程度获得太阳能而言,集热器安装最好有一定倾角,但由于安置在墙体上,角度大将会带来结构、安装、维修、美观等问题,所以应在综合考虑这些因素的前提下确定安装倾角(图 5 - 20)。

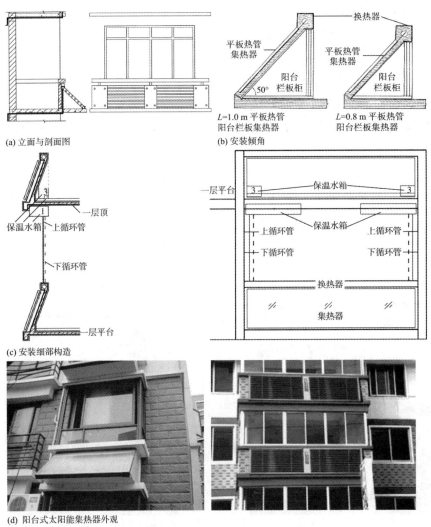

(a) 立面与剖面图

(b) 安装倾角

(c) 安装细部构造

(d) 阳台式太阳能集热器外观

图 5 - 16　阳台式太阳能集热器布置一

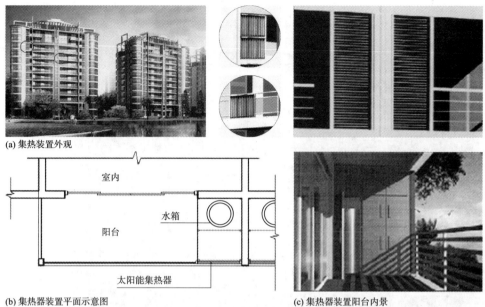

(a) 集热装置外观

(b) 集热器装置平面示意图

(c) 集热器装置阳台内景

图 5－17　阳台式太阳能集热器布置二

图 5－18　济南装备部的阳台壁挂太阳能工程

图 5‑19　济南干休二所分体承压式阳台壁挂式太阳能热水工程

(a) 广东中山盛景花苑瓷壁挂集热工程

(b) 常州中意宝第小区高层住宅平板式太阳能热水器工程

图 5‑20　集热器安装

5.2.5　组件模块化

组件模块化是指集热器与建筑围护结构合二为一的集成方式,具有最高的整合程度。采用这种方式的主要目的是为了保证太阳能系统在建筑中的美观和标准模块化。其特点如下:

(1) 很难在承载力、防水、隔声、保温隔热及使用寿命等方面以同样成本水平替代常规外墙和屋顶;

(2) 可在屋顶、窗户、遮阳、阳台栏板、女儿墙等部位替代原有建筑构件。

(3) 构造复杂,造成生产、安装和更换都比较困难,当前仅适合作为建筑装饰的点缀。用于建筑界面的采集器是建筑外围护系统的有机组成部分。要充分考虑与建筑饰面层、保温隔热层、结构层及承重体系等各要素的联系和接口。

5.3　窗体太阳能一体化设计

5.3.1　太阳能热水外墙玻璃

法国国家实用技术研究所科学家发明了一种建筑外墙玻璃,这种建筑外墙玻璃同时可以作为太阳能集热器使用,综合成本低于普通的太阳能集热器。据研究人员介绍,这是一种双层中空玻璃,其40%的面积是透明的,余下部分被盘旋状的可以通水的铜管与银发射管所覆盖,覆盖物位于玻璃内层。这种双层中空玻璃可以吸收太阳能把水加热,仅仅利用外墙玻璃就能解决热水问题,每年可节省大量电力或煤气。此外,新型玻璃在保持室内温度、防止过多阳光进入室内等方面与普通建筑外墙玻璃无区别。这种玻璃并非完全透明,因此不能用来取代窗户玻璃,而是用来替代除窗户外的其他各种建筑外墙玻璃。

5.3.2　光电膜玻璃

在透明玻璃窗上安装不透明光电元件,元件的间距决定了遮蔽的程度,图 5 - 21 为佐治亚理工大学水中心的入口雨篷安装的 4.5 W 的 Solarex Powerwall™MSX - 240/AC 膜式光电阵板。通过反用换流器,这些膜状设备提供电网同步交流电。它们采用了一种透明的后面附有 Tedlar 材料,强调太阳能元件位置的精确性和在雨篷下产生柔和自然的光线。透过的光越多,产生的电能就越少。光电膜玻璃更适合安装在高侧窗上,因为高侧窗没有景观视线的要求。光电膜玻璃窗还能组成高性能窗以获得更好的隔热保温效果。

5.3.3　太阳能窗

美国纽约州特洛伊的伦斯勒工学院开发出一种“太阳能窗系统”(SOLAR GLAZING),该系统设计成遮阳天窗的形式,又被称为动态凉窗系统(DSWS)。它运用了最新开发的太阳

图 5-21 膜式光电阵板

能科技,将太阳热能转化为可贮存的能量,可有效满足一栋建筑的供热、制冷和照明需求。这一系统既可以应用于新建筑中,也可以在旧建筑中加装。

太阳能窗系统由嵌入 2 个玻璃天窗的多个透明塑料板构成。每个塑料板上都有几十个小型金字塔形模块,这些模块由半透明的塑料质透镜制成,能够追踪太阳光线的运动。装在墙上或屋顶的传感器能够确保模块总是对着太阳、捕捉所有的太阳光线。每个模块上都有一个小型太阳能电池,负责收集光热,并将其转化成可用能量,运转发电机。传统的太阳能设备使用 4 平方英尺(1.37 m²)的硅制太阳能板,现在太阳能窗系统中使用的具有同样集热能力的太阳能模块只有 1 cm²(图 5-22)。除了满足建筑内供热、制冷和人工照明的能源需求,这一系统剩余的能量可通过室内电线传送到需要的地方,也可贮存在电池组中备用。系统阻挡并利用最强烈的太阳光线,而将更为宜人的阳光透入建筑内。太阳能窗系统实现了对太阳能光热、光电的一体化利用,同时较小的太阳能电池的模数使其能够方便地用在天窗、幕墙与建筑构件上。

5.3.4 室外遮阳与太阳能一体化设计

太阳能系统与遮阳一体化优势显著,可满足太阳能集热器的倾角要求,又可以遮蔽夏日的烈日,可谓一举两得。集热器可作为遮阳板,设计坡度在 40°~60°之间;也可 90°设置。壁挂式太阳能集热器安装在建筑南向的墙上(图 5-23),预埋角钢或钢板,以便焊接悬挂太阳能集热器,这样既不占用场地,又不影响使用。在建筑西侧安装集热设备替代或部分替代建

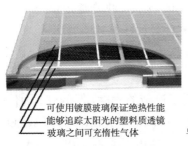

可使用镀膜玻璃保证绝热性能
能够追踪太阳光的塑料质透镜
玻璃之间可充惰性气体

导线安装在窗户构件当中

图 5-22 太阳能窗构造

图 5-23 挂壁遮阳式太阳能设备

筑外墙材料,图 5-24 为东、西侧墙面安装集热器的高层住宅,该系统为 5～10 户共用一个水箱,适用于高层住宅的集中供热系统,充分利用了建筑的墙面,根据要求可增大了集热面积,满足各个朝向住户的热水需求,使用统一的冷、热水循环管道,系统保温性能好,热效率更高。

对于光电系统太阳能利用中,建筑遮阳设备是重要装置。遮阳系统中的光电板既可是半透明的,也可是大范围的透明玻璃窗。光电系统即可整体组合于入口雨篷,也可组合于一些独立式遮阳结构中,形式多样灵活(图 5-25)。

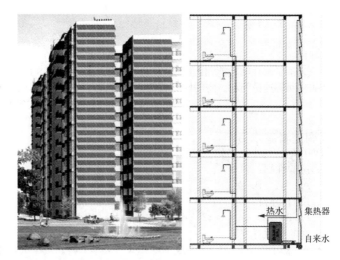

图 5-24　高层住宅墙面集热器安装

图 5-25　遮阳式太阳能光伏系统

附录 A　上海高层住宅冬季状况调查问卷

您好!

为了了解住宅节能和太阳能应用状况,我们正在进行高层住宅在这方面的研究工作,请根据自己的体会如实回答这份问卷。您的回答将作为科学研究的资料。谢谢您的参与。

同济大学建筑与城市规划学院　《绿色之家》课题组

受调查者基本资料

您现在居住的小区名称_____

1. 您的性别:
   A. 男;　B. 女
2. 您的年龄:
   A. 20~29 岁;　B. 30~39 岁;　C. 40~49 岁;　D. 50~59 岁;　E. 60 岁以上
3. 您的受教育程度:
   A. 初中以下;　B. 高中或中专;　C. 大学专科;　D. 大学本科及本科以上
4. 您的职业:
   A. 国家公务员;　B. 公司职员;　C. 教师;　D. 军人;　E. 自由职业者;
   F. 职业经理人;　G. 其他_____
5. 您家庭的年收入:
   A. ≤1.8 万;　B. 1.8 万~6 万;　C. 6 万~12 万;　D. 12 万~24 万;　E. ≥24 万

第一部分　住宅概要

1. 您现在的住宅建筑年代是_____。
2. 住宅建筑面积_____平方米。_____室_____厅。
3. 住宅的总层数_____,您住在第_____层。
4. 您家是在建筑端头户型吗?
   A. 是;　B. 否
5. 家庭常住人口是_____。
   A. 2 人;　B. 3 人;　C. 4 人;　D. 5 人;　E. 其他_____
6. 客厅和主卧室窗户朝向是_____。(如不只一个朝向的窗户,请把他们全都选中)
   客厅:A. 南;　　B. 东南;　　C. 北;　　D. 西北;　　E. 东;　　F. 西
   卧室:A. 南;　　B. 东南;　　C. 北;　　D. 西北;　　E. 东;　　F. 西
7. 朝南的房间是:_____。(凡是符合的全选)
   A. 厨房;　B. 客厅兼卧室;　C. 卧室;　D. 餐厅;　E. 卫生间;　F. 其他
8. 您经常活动的房间窗户的窗框材料是_____?
   A. 铝合金;　B. 塑钢(工程塑料);　C. 木制材料;　D. 钢制材料;　E. 其他
9. 您经常活动的房间窗帘的情况:(只选一个)
   A. 只有一层薄窗帘;　B. 只有一层厚窗帘;　C. 一层薄窗帘和一层厚窗帘;
   D. 两层厚窗帘;　E. 百叶窗;　F. 其他_____
10. 您经常活动的房间窗户的玻璃为几层?

A. 单层；　B. 两层；　C. 两层以上

11. 该房间的窗户玻璃的材料：

A. 透明玻璃；　B. 低辐射(Low-E)玻璃；　C. 中空玻璃；　D. 真空玻璃

12. 您家的阳台是否为封闭阳台？（可多选）

A. 是。原因：a. 增大住宅使用面积；b. 冬天提高室内温度；c. 避免灰尘；d. 其他

B. 否。原因：a. 夏天可获得更多通风；b. 视线更通透；c. 经济不允许；d. 其他

第二部分　关于采暖设备

1. 您家采用那种方式取暖？（可多选）

A. 集中空调；B. 普通空调；C. 地板辐射式采暖；D. 采暖器；E. 无采暖

2. 如果您家采用取暖设备的话，请填写取暖时间：

_____月（上旬　中旬　下旬）至_____月（上旬　中旬　下旬）

3. 在这期间，室内取暖时间段为_____（含使用自备的取暖设备）？

请按不同的房间回答（可以多重选择）

客厅：

A. 24 小时；　B. 屋内有人时；　C. 就寝时间外屋里有人时；

D. 晚上家人团聚时；　E. 晚上睡觉时；　F. 晚上睡觉前；

G. 早晨起床后的一段时间；　H. 有客人来时；　I. 其他

主卧室：

A. 24 小时；　B. 屋内有人时；　C. 就寝时间外屋里有人时；

D. 晚上家人团聚时；　E. 晚上睡觉时；　F. 晚上睡觉前；

G. 早上起床后的一段时间；　H. 有客人来时；　I. 其他

4. 客厅及主卧室的暖气（含自备的取暖设备）最常用的设定温度为_____。（如果取暖器无法设定温度，请在"无法确定"处勾划）

客厅_____度；　　主卧室_____度；　　无法确定

5. 取暖时您感到室内_____？

温度：A. 过热；　B. 太暖和；　C. 令人舒适的暖和；　D. 舒适（不冷不热）；

E. 令人舒适的凉快；　F. 太冷；　G. 过于阴冷

湿度：A. 过于干燥；　B. 太干燥；　C. 稍干；　D. 适中；　E. 稍湿；　F. 潮湿；

G. 过分潮湿

6. 如果您家准备了采暖器，写出他们的种类、台数及每台的功率值。

红外线辐射取暖器_____台，功率为_____。

燃气取暖器_____台，功率为_____。

电暖器_____台，功率为_____。煤油炉_____台，功率为_____。

冷暖式空调_____台，功率为_____。电暖风机_____台，功率为_____。

煤炉_____台，功率为_____。

其他_____。

7. 取暖设备放在那个房间？（可多选）

A. 厨房；　B. 客厅；　C. 卧室；　D. 餐厅；　E. 卫生间；　F. 其他

8. 您家的取暖设备（包括暖气及自备取暖设备）在使用中的问题？（可以多重选择）

A. 没有特别的问题；　B. 室温太低；　C. 室温太高；

D. 取暖费用太高；　E. 使用时非常干燥；

F. 使用自时会有异味；　G. 室内温度不均匀；　H. 有噪音；　I. 其他

9. 您对客厅及主卧室采暖时室内的热舒适的感觉？

客厅：

A. 非常满意；　B. 比较满意；　C.无所谓；　D. 不太满意；　E. 很不满意

主卧室：

A. 非常满意；　B. 比较满意；　C. 无所谓；　D. 不太满意；　E. 很不满意

10. 阳光是否能直射到您的卧室内？

A. 是；　B. 不是

137

11. 阳光直射到卧室内大约时间为_____。
    A. 少于 1 小时； B. 2～3 小时； C. 4～5 小时； D. 6～7 小时； E. 大于 7 小时；
    F. 不确定

12. 您认为冬季阳光直射入你卧室内的时间是否充足？
    A. 是； B. 不是

13. 如果不取暖,您在下列时间段的感觉为_____。室内温度数值_____。
    早晨(5:00～8:00)：
    温度：
        A. 过热； B. 太暖和； C. 令人舒适的暖和； D. 舒适(不冷不热)；
        E. 令人舒适的凉快； F. 太冷； G. 过于阴冷
    湿度：
        A. 过于干燥； B. 太干燥； C. 稍干； D. 适中； E. 稍湿； F. 潮湿；
        G. 过于潮湿
    中午(12:00～14:00)：
    温度：
        A. 过热； B. 太暖和； C. 令人舒适的暖和； D. 舒适(不冷不热)；
        E. 令人舒适的凉快； F. 太冷； G. 过于阴冷
    湿度：
        A. 过于干燥； B. 太干燥； C. 稍干； D. 适中； E. 稍湿； F. 潮湿；
        G. 过于潮湿
    晚上(17:00～22:00)：
    温度：
        A. 过热； B. 太暖和； C. 令人舒适的暖和； D. 舒适(不冷不热)；
        E. 令人舒适的凉快； F. 太冷； G. 过于阴冷
    湿度：
        A. 过于干燥； B. 太干燥； C. 稍干； D. 适中； E. 稍湿； F. 潮湿；
        G. 过于潮湿

第三部分　关于换气设备及冬季室内空气质量

1. 您对冬季室内的空气质量是否满意？
    A. 非常满意； B. 比较满意； C. 无所谓； D. 不太满意； E. 很不满意
2. 空气质量不好的原因是什么？（凡是符合情况的都选）
    A. 室外太冷不开窗； B. 屋内人多； C. 有人抽烟； D. 厨房油烟；
    E. 家具涂料散发气味； F. 其他_____
3. 当您觉得空气不好时采取什么对策？
    A. 打开门窗； B. 使用空气清新剂； C. 不采取任何措施； D. 其他_____
4. 在冬季您每天保持窗户打开的时间有多长？
    A. 少于 1 小时； B. 1～2 小时； C. 半天以上； D. 全天都开
5. 您开窗的时段一般是在_____。(可多选)
    A. 早晨； B. 中午； C. 下午； D. 晚上； E. 睡前； F. 从不开窗
6. 您感觉到从门窗的缝隙里透进来的凉风么？
    A. 总是有感觉； B. 经常有感觉； C. 有时有感觉； D. 没有感觉
7. 对于冬季室内空气质量和室内温度的高低,您认为二者哪个更重要？
    A. 空气质量； B. 温度
8. 您开窗的时间长短根据什么？
    A. 感到冷时关窗； B. 有污染粉尘进入室内时关窗； C. 有异味进入室内时关窗；
    D. 感到没有通风必要时关窗； E. 感到有噪音影响时关窗； F. 其他
9. 冬季时,卧室每天开窗的次数为_____。
    A. 1 次； B. 2 次； C. 3 次； D. 4 次； E. 5 次以上

第四部分 关于热水设备

1. 您家用那种方式供热水?
   A. 小区集中供热水; B. 电加热热水器; C. 燃(煤)气热水器;
   D. 太阳能热水器; E. 其他_____

2. 使用热水的时间?
   A. 24 小时; B. 晚上到凌晨; C. 自家用前烧; D. 其他_____

3. 热水一般用于_____?(可多选)
   A. 厨房洗涤; B. 洗澡; C. 卫生间洗涮; D. 其他_____

4. 每周洗澡使用热水的次数?
   A. 1~2 次; B. 3~4 次; C. 几乎每天 1 次; D. 每天 2 次; E. 其他_____

5. 家庭自备供热水设备容量为_____。
   A. 25 升; B. 50 升; C. 80 升; D. ≥100 升

6. 如果您家使用了太阳能热水器,请问冬季_____分钟能达到最高温度_____℃。
   你对它的状况满意吗?
   A. 非常满意; B. 比较满意; C. 无所谓; D. 不太满意; E. 很不满意

第五部分 其他

1. 您家墙壁内表面有结露吗?
   A. 有; B. 没有

2. 如果有,结露在哪个房间?
   A. 厨房; B. 客厅; C. 卧室; D. 餐厅; E. 卫生间; F. 其他

3. 如果有结露,造成墙体损坏(如壁纸脱落和损坏家具等)时,您采取何种措施?
   A. 进行室内通风换气; B. 使用除尘设备; C. 使用除湿剂; D. 其他_____

4. 对所居住的小区环境,您感到_____。
   A. 非常满意; B. 比较满意; C. 无所谓; D. 不太满意; E. 很不满意

5. 如您对小区有不满意的地方,原因是_____。
   A. 小区内活动场地面积太小; B. 不太安全; C. 附近的交通噪音大;
   D. 小区内绿化少; E. 活动设施不够; F. 住宅间距太小; G. 其他_____

6. 您家在 12 月份的能耗量:
   用电量_____ kW·h;用煤气量_____ m³;
   总用水量_____ m³;热水用量_____ m³

7. 冬季您在房间中的衣着量_____。(根据自己通常穿的情况多选)
   A. 背心; B. 内衣; C. 长袖衬衫; D. 毛衣; E. 棉衣; F. 羽绒服;
   G. 短裤; H. 衬裤; I. 毛裤; J. 棉裤; K. 毛背心; L. 其他

第六部分 关于太阳能

1. 如果建造保温效果好、夏季温度不很高、通风较好、又利用太阳能的节能住房,您可以接受造价增加_____?
   A. 3 000 元以下; B. 3 000~5 000 元; C. 5 000~7 000 元; D. 7 000 元以上

2. 您认为用太阳能可用于_____。
   A. 做饭; B. 烧开水; C. 洗澡; D. 取暖; E. 空调; F. 制冷; G. 其他_____。

3. 您认为目前太阳能的缺点是_____。
   A. 费用高; B. 安装麻烦; C. 容易坏; D. 效果不明显

4. 冬季您家那个房间接收太阳光最多?
   A. 厨房; B. 客厅; C. 卧室; D. 餐厅; E. 卫生间; F. 其他

5. 您对房屋利用太阳能的看法。

6. 您对高层住宅冬季室内环境的看法。

附录 B　上海高层住宅节能与太阳能应用夏季状况调查

您好！

为了了解住宅节能和太阳能应用状况,我们正在进行高层住宅在这方面的研究工作,请根据自己的体会如实回答这份问卷。您的回答将作为科学研究的资料。谢谢您的参与。

同济大学建筑与城市规划学院　《绿色之家》课题组

受调者基本资料

您现在居住的小区名称＿＿＿＿＿＿＿＿＿＿

1. 您的性别:

   A. 男;　B. 女

2. 您的年龄:

   A. 20～29 岁;　B. 30～39 岁;　C. 40～49 岁;　D. 50～59 岁;　E. 60 岁以上

3. 您的职业:

   A. 国家公务员;　B. 公司职员;　C. 教师;　D. 军人;　E. 自由职业者;

   F. 职业经理人;　G. 其他＿＿＿＿＿＿＿＿＿

第一部分　住宅概要

1. 您现在的住宅是那一年建的＿＿＿＿＿＿。

2. 住宅建筑面积＿＿＿＿＿平方米。套型＿＿＿＿＿室＿＿＿＿＿厅＿＿＿＿＿卫。

3. 住宅总层数＿＿＿＿＿,您住第＿＿＿＿＿层。

4. 住宅形式:

   A. 板式住宅;B. 塔式住宅

5. 屋顶形式:

   A. 平屋顶;　B. 坡屋顶;　C. 其他造型屋顶

6. 您家是在建筑端户吗?

   A. 是;　B. 否

7. 您家常住人口是＿＿＿＿＿。

   A. 2 人;　B. 3 人;　C. 4 人;　D. 5 人;　E. 其他＿＿＿＿＿

8. 客厅和主卧室窗户朝向是＿＿＿＿＿。(如不只一个朝向的窗户,请把他们全都选中)

   客厅:A. 南;　B. 东南;　C. 北;　D. 西北;　E. 东;　F. 西

   卧室:A. 南;　B. 东南;　C. 北;　D. 西北;　E. 东;　F. 西

9. 您家朝南的房间是＿＿＿＿＿;(凡是符合的全选)

   A. 厨房;　B. 客厅兼卧;　C. 卧室;　D. 餐厅;　E. 卫生间;　F. 其他

10. 您经常活动的房间的窗帘的情况:(只选一个)

    A. 只有一层薄窗帘;　B. 只有一层厚窗帘;　C. 一层薄窗帘和一层厚窗帘;

    D. 两层厚窗帘;　E. 百叶窗;　F. 其他＿＿＿＿＿

11. 您经常活动的房间的窗户的玻璃为几层?

    A. 单层;　B. 两层;　C. 两层以上

12. 这个房间的窗户玻璃的材料:

A. 透明玻璃；　B. 低辐射(Low-E)玻璃；　C. 中空玻璃；　D. 真空玻璃

13. 阳台数量_____。

面积：1. _____ m² 　　2. _____ m² 　　3. _____ m²

朝向：1. _____ 　　　2. _____ 　　　3. _____

与阳台连接的房间(可多选)：

A. 起居室；　B. 主卧室；　C. 次卧室；　D. 厨房；　E. 卫生间；　F. 餐厅

第二部分　关于夏季制冷

1. 您家用那种方式制冷？

A. 集中空调；　B. 普通空调；　C. 风扇

空调开启的方式(可多选)：

A. 制冷；　B. 供暖；　C. 除湿

2. 如果您家有空调设备的话，请填写夏季使用时段：

_____月(上旬　中旬　下旬)至_____月(上旬　中旬　下旬)

3. 你每天家里开启空调时间段：(请按不同的房间,用线段标出一天开启空调的时间范围)

客厅：

0:00 1:00 2:00 3:00 4:00 5:00 6:00 7:00 8:00 9:00 10:00 11:00 12:00 13:00 14:00 15:00 16:00 17:00 18:00 19:00 20:00 21:00 22:00 23:00 24:00

主卧室：

0:00 1:00 2:00 3:00 4:00 5:00 6:00 7:00 8:00 9:00 10:00 11:00 12:00 13:00 14:00 15:00 16:00 17:00 18:00 19:00 20:00 21:00 22:00 23:00 24:00

北向房间(书房或次卧室)

0:00 1:00 2:00 3:00 4:00 5:00 6:00 7:00 8:00 9:00 10:00 11:00 12:00 13:00 14:00 15:00 16:00 17:00 18:00 19:00 20:00 21:00 22:00 23:00 24:00

4. 请将客厅及主卧室的空调最常用的设定温度为_____。(如果取暖器无法设定温度或只用暖器,请在"无法设定"处勾划)

客厅_____℃；主卧室_____℃；无法确定

5. 您家空调安装在哪几个房间？(可多选)

A. 厨房；　B. 客厅；　C. 卧室；　D. 餐厅；　E. 卫生间；　F. 其他

6. 您家的空调设备在使用中的问题：(可以多重选择)

A. 没有特别的问题；　B. 室温太低；　C. 室温太高；　D. 费用相对太高；

E. 使用时非常干燥；　F. 使用时会有异味；　G. 室温不均匀；　H. 有噪音；

I. 开启空调时关闭门窗导致室内空气质量下降；　J. 其他

7. 阳光直射到卧室内大约多长时间？

A. 少于 1 小时；　B. 2~3 小时；　C. 4~5 小时；　D. 6~7 小时；　E. 多于 7 小时；

F. 不确定

8. 如果不制冷,您在下列时间的感觉为_____。室内温度数值_____。

早起时(5:00~8:00)：

温度：A. 热；　B. 暖；　C. 稍暖；　D. 舒适(不冷不热)；　E. 稍凉；　F. 凉；

G. 冷

湿度：A. 干燥；　B. 比较干；　C. 适中；　D. 比较湿；　E. 潮湿

中午时(12:00~2:00)

温度：A. 热；　B. 暖；　C. 稍暖；　D. 舒适(不冷不热)；　E. 稍凉；　F. 凉；

G. 冷

湿度：A. 干燥；　B. 比较干；　C. 适中；　D. 比较湿；　E. 潮湿

晚上(17:00~22:00)

温度：A. 热；　B. 暖；　C. 稍暖；　D. 舒适(不冷不热)；　E. 稍凉；　F. 凉；

G. 冷

湿度：A. 干燥；　B. 比较干；　C. 适中；　D. 比较湿；　E. 潮湿

9. 夏季您在房间中的衣着为_____。(可多选)

　A. 背心； 　B. 内衣； 　C. 内裤； 　D. 薄睡衣； 　E. 短裤； 　F. 连衣裙； 　G. 其他

10. 如果您家自己使用空调,写出他们的类型、台数及每台的功率值。

　　1. 窗式_____台,功率为_____；2. 分体壁挂式_____台,功率为_____；3. 分体壁挂 1 拖

　　2 _____台,功率为_____；4. 柜式_____台,功率为_____；5. 中央空调,功率为_____

第三部分　关于换气设备及夏季室内空气质量

1. 你认为夏季室内空气是否满意?

　　A. 非常满意； 　B. 比较满意； 　C. 无所谓； 　D. 不太满意； 　E. 很不满意

2. 空气质量不好的原因是_____。(凡是符合情况的都选)

　　A. 室外太热不能开窗； 　B. 室里人多； 　C. 吸烟； 　D. 厨房油烟；

　　E. 家具涂料散发气味； 　F. 其他_____

3. 当你觉得空气不好时采取什么对策?

　　A. 打开门窗； 　B. 使用空气清新剂； 　C. 不采取任何措施； 　D. 其他_____

4. 夏季你每天保持窗户打开的时间有多长?

　　A. 少于 1 小时； 　B. 1～2 小时； 　C. 半天以上； 　D. 全天都开

5. 你开窗时段一般是_____。(可多选)

　　A. 早晨； 　B. 中午； 　C. 下午； 　D. 晚上； 　E. 睡前； 　F. 从不开窗

6. 开窗时间长短的依据是:

　　A. 需要通风降温； 　B. 有污染物进入室内关窗； 　C. 有异味进入室内时关窗；

　　D. 感到没有通风必要时关窗； 　E. 有噪音时关窗； 　F. 其他_____

7. 夏季卧室每天开窗情况:

　　A. 全天都开； 　B. 除了中午都开； 　C. 傍晚打开； 　D. 除开空调都开；

　　E. 临睡前打开一会儿； 　F. 除室外温度高和开空调时间外都打开； 　G. 其他_____

8. 当你觉得室内过热时你采取什么手段?(可多选)

　　A. 使用电扇； 　B. 使用普通扇子； 　C. 开启空调； 　D. 打开门窗； 　E. 关上窗户；

　　F. 挂上窗帘； 　G. 关掉电灯、电器； 　H. 洗澡、冲凉； 　I. 喝冷饮； 　J. 喝热茶；

　　K. 不采取措施； 　L. 其他_____

9. 夏季夜晚是否仅仅开窗通风就能使您正常睡眠?

　　A. 有时候可以； 　B. 经常； 　C. 几乎不能

10. 您的住宅内部是否有"穿堂风"? 如果有"穿堂风",您认为"穿堂风"是否很好地改善住宅内部的热环境?

　　A. 有"穿堂风"：

　　　a. 全天基本满足舒适要求,不需要开启制冷设备；

　　　b. 夜间有时能够满足舒适要求,不需要开启制冷设备；

　　　c. 带进更多的热量,使内部热环境恶化

　　B. 无"穿堂风"

第四部分　能源消耗量

能源种类	6～8 月平均用量	现行单价	计量方式
管道燃气或液化气	_____米³/月·户	_____元/米³	①磁卡②远传表③普通表
	_____罐/月·户	_____元/罐	①罐
电	_____度/月·户	_____元/度	①磁卡②远传表③普通表
水	_____吨/月·户	_____元/吨	①磁卡②远传表③普通表
集中供热水	_____吨/月·户	_____元/吨	①磁卡②远传表③普通表
管道直饮水	_____吨/月·户	_____元/吨	①磁卡②远传表③普通表
中水	_____吨/月·户	_____元/吨	①磁卡②远传表③普通表

您家 7 月的能耗量：

用电量_____ kW·h；　　用煤气量_____ m³；

总用水量_____ m³；　　热水用量_____ m³

第五部分　供热水概况

1. 供热水方式：

   A. 小区供水；　B. 整栋供水；　C. 单元供水；　D. 单户供水

2. 供热水设备及数量：

   1. 锅炉房、换热站；2. 燃气热水器_____；3. 燃气供暖热水器_____；4. 电热水器_____；

   5. 太阳能热水器_____

3. 热水用水设备及数量：

   1. 盆浴(_____个)；2. 淋浴(_____个)；3. 洗面盆(_____个)；4. 厨房洗涤槽(_____

   个)；5. 洗衣机(_____台)；6. 其他_____

第六部分　对供热水设备更新意愿

1. 两年内更新计划：

   A. 增加数量；　B. 增加容量；　C. 改变品种；　D. 无计划

2. 计划选择品种：

   A. 煤气快速热水器；　B. 燃气容积式热水器；　C. 燃气供暖热水器；

   D. 贮水式电热水器；　E. 快速式电热水器；　F. 太阳能热水器；

   G. 太阳能热水器＋辅助热源品种_____

3. 对太阳能热水器了解程度：

   A. 较了解；　B. 了解一点；　C. 不了解,原因_____

4. 愿意选择用太阳能热水器的主要原因：(可多选)

   A. 节能；　B. 环保；　C. 安全；　D. 省钱；　E. 热水量大；

   F. 其他_____

5. 不愿意选择用太阳能热水器的主要原因：(可多选)

   A. 热水量不够；　B. 热水温度不稳定；　C. 冬季不能用；　D. 安装不方便；

   E. 操作不方便；　F. 价格高；　G. 不美观；　H. 其他_____

6. 对推广太阳能热水器的建议。

附录 C 实验测点布置及试验设备介绍

采集室外空气温度和室内空气相对湿度的仪器为 HOBO 系列的空气温湿度记录仪，详细介绍如下：

HOBO H8 系列是一款外观小巧、使用简便的数据采集器，适用于室内、室外等环境因子的长期测量和记录。可选择单通道、双通道、四通道来测量温度、相对湿度、光照强度，并可以外接外部温度传感器、AC 电流或第三方传感器输入的电流和电压。

HOBO Pro 系列是一款野外防潮型的温湿度记录仪，可用来测量空气中的温度和相对湿度，双通道温度型更可以测量土壤和水的温度，在露天的野外使用建议购买雨罩和防辐射罩，以防止湿度探头粘水后影响其精度。

附表 1   **HOBO 系列空气温湿度记录仪技术参数表**

名　称	型　号	外观	简　介	技术参数
HOBO H8 温湿度数据采集器	H08-003-02		内置温度传感器和可更换相对湿度传感器的双通道温、湿度数据采集器	温度测量范围：−20℃～70℃；精度：在 21℃为±0.7℃；相对湿度测量范围：25%～95%；精度：±5%
HOBO Pro 通道温湿度记录仪 （内置温湿度传感器）	H08-032-08		内置温度传感器和可更换相对湿度传感器的双通道温、湿度数据采集器	温度测量范围：−30℃～50℃；精度：在 21℃为±0.2℃；相对湿度测量范围：0%～100%；精度：±3%，在冷凝的环境±4%RH

参 考 文 献

［1］ ［美］诺伯特·莱希纳.建筑师技术设计指南：采暖·降温·照明［M］.张利，译.北京：中国建筑工业出版社，2004，12：119.

［2］ ［德］英格伯格·佛拉格等著.托马斯·赫尔佐格：建筑＋技术［M］.李保峰，译.北京：中国建筑工业出版社，2003，20：200.

［3］ BP 网，http：//www. bp. com.

［4］ International Energy Agency. Key World Energy Statistics. 2003.

［5］ 孙孝仁.21 世纪世界能源发展前景［J］.中国能源，2001（2）：19—20.

［6］ 中国电子信息产业网［J/OL］. http：//www. cena. cn.

［7］ 王荣光，沈天行.可再生能源利用与建筑节能［M］.北京：机械工业出版社，2004：7—8.

［8］ 百度百科网［J/OL］，http：//baike. baidu. com/view/3198. htm sub3198.

［9］ Larson E D，Wu Zongxin. Future implications of China's energy-technology choices［J］. Energy Policy . 2003，31（12）：11891204.

［10］ 筑能网［J/OL］，http：//www. topenergy. org/news_219. html.

［11］ 上海统计网，2011 上海统计年鉴［J/OL］. http：//www. stats-sh. gov. cn/data/toTjnj. xhtml？y＝2010.

［12］ 夏一哉，赵荣义，江亿. 北京市住宅环境热舒适研究［J］.暖通空调，1999，29（2）：1—5.

［13］ ASHRAE. ANSI/ASHRAE55－1992，Thermal environmental conditions for human occupancy . Atlanta ：American Society of Heating，Refrigerating and Air Conditioning Engineers，Inc. Atlanta，1992.

［14］ ISO. International Standard 7730，Moderatetherma environments-determination of the PMV and PPD indices and specification of the conditions for thermal comfort. Geneva：International Standards Organization. 1984.

［15］ 麦金太尔 D A. 室内气候［M］. 龙惟定等，译.上海：上海科学技术出版社，1988.

［16］ 魏润柏，徐文华.热环境［M］.上海：同济大学出版社，1994.

［17］ 涂逢详.建筑节能是削减夏季空调制冷高峰负荷的重要途径［C］//全国建筑节

能应用技术研讨会论文集.武汉：武汉出版社,2003：2.

[18] 赵荣义.关于"热舒适"的讨论[J].暖通空调,2000,30(03)：25—26.

[19] A Auliciems. The atmospheric environment：A study of comfort and performance. University of Toronto Press,1972.

[20] 罗振涛等.太阳能热水器减排效果显著[J].太阳能,2007(10)：4—5.

[21] 贝塔朗菲.一般系统论的历史和现状,北京：科学学译文经[M].北京：科学出版社,1981：314.

[22] 喜文华,张兰英.太阳能在西北地区的应用与发展.能源工程,2000(05)：8—11.

[23] 上海节能信息网,http://www.365jn.cn/HTML/28/200607/1766.htm.

[24] 杨维菊.美国太阳能热利用考察及思考[J].世界建筑,2003,254(08)：83—85.

[25] 卢艳.德国住宅设计中的太阳能利用系统[J].建筑学报,2003.(03)：61—63.

[26] 李曹薇.国内外住宅太阳能利用政策初探[J].新建筑,2005.(06)：10—12.

[27] 黄柯.太阳能光电技术在建筑设计中的应用[J].建筑学报,2006(11)：22—25.

[28] 李振宇.城市·住宅·城市：柏林与上海住宅建筑发展比较[M].南京：东南大学出版社,2004.

[29] 现代建筑技术.上海现代建筑设计集团.

[30] 上海市勘察设计行业协会.上海优秀住宅设计[M].2006.

[31] 顾斌.沪港两地高层住宅比较研究[D].上海：同济大学建筑与城市规划学院,2006：23—25.

[32] 德国旭格国际集团.Schüco International KG[J/OL].http://2148.de.all.biz/en.

[33] 王璋保.对我国能源可持续发展战略问题的思考[J].工业加热,2003,32(2)：1—5.

[34] 王长贵,郑瑞澄.新能源在建筑中的应用[M].北京：中国电力出版社,2003：3.

[35] 城市居住区规划设计规范(GB50180—93),华人民共和国国家标准.北京：中国建筑工业出版社,1993.

[36] 涂逢祥等.中国的气候与建筑节能[J].暖通空调.1996.26(04)：11—15.

[37] Key World Energy Statistics. International Energy Agency[J/OL].2003：http://www.iea.org.